系列教材

W E B D E S I G N A N D P R O D U C T I O N

网页设计与制作

慕课版

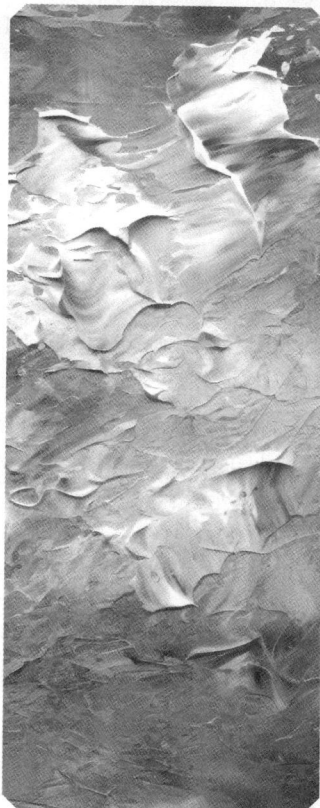

王红蕾 吴国新 曹培强

主编

张春玲 时延辉 肖荣光 丁亚君

副主编

人民邮电出版社

北 京

图书在版编目（CIP）数据

网页设计与制作：慕课版 / 王红蕾, 吴国新, 曹培
强主编. -- 北京 : 人民邮电出版社, 2025.1
中等职业教育改革创新系列教材
ISBN 978-7-115-64378-0

Ⅰ. ①网… Ⅱ. ①王… ②吴… ③曹… Ⅲ. ①网页制
作工具－中等专业学校－教材 Ⅳ. ①TP393.092.2

中国国家版本馆CIP数据核字(2024)第091736号

内 容 提 要

　　本书以理论与实操相结合的方式介绍了网页美工人员在进行网页设计与制作时需要具备的知识与实操技能。全书分为 10 个项目，包含了了解网页的组成、布局设计和色彩，掌握网页中图像的处理基础知识，掌握网页中处理图像时的抠图技巧，了解文字与图层，掌握切片与网页图像优化的方法，创建本地站点和基本文本网页，使用表格排版布局网页，插入多媒体内容及创建超链接，使用表单，以及使用 CSS 样式美化和布局网页等内容。

　　本书不仅适合想自己设计网页的初、中级读者，也可以作为职业院校网页设计与制作相关课程及社会相关培训机构培训使用的教材。

◆ 主　　编　王红蕾　吴国新　曹培强

　　副 主 编　张春玲　时延辉　肖荣光　丁亚君

　　责任编辑　侯潇雨

　　责任印制　王　郁　彭志环

◆ 人民邮电出版社出版发行　　北京市丰台区成寿寺路 11 号

　　邮编　100164　电子邮件　315@ptpress.com.cn

　　网址　https://www.ptpress.com.cn

　　北京市艺辉印刷有限公司印刷

◆ 开本：787×1092　1/16

　　印张：14.25　　　　　　　　　2025 年 1 月第 1 版

　　字数：317 千字　　　　　　　 2025 年 1 月北京第 1 次印刷

定价：49.80 元

读者服务热线：(010)81055256　印装质量热线：(010)81055316
反盗版热线：(010)81055315
广告经营许可证：京东市监广登字 20170147 号

前　言

随着网络技术的发展，许多企业都建设了自己的网站，并通过网络将网站中的网页内容传播到世界各地。本书详细介绍了制作网页需要掌握的技术，包括图像的设计和处理、网页中多媒体元素的制作，以及网页版面的布局和编辑等。通过学习，读者能够体会网页设计与制作软件的强大功能，并将设计理念和创意通过软件体现在自己制作的网页中。

本书的编写特色

本书内容由浅入深，力争涵盖网页设计与制作的重要知识点，以课堂实操的形式对网页设计与制作技能进行充分讲解。

本书编写特色如下。

◇　内容全面，体系清晰。本书从网页设计的一般流程入手，逐步引导读者学习网页设计与制作所涉及的各种技能，涵盖网页设计与制作中的图像处理、配色布局和使用CSS样式美化网页等方面。

◇　图解教学、强化应用。本书采用图解教学的形式，图文并茂，让读者在学习过程中能更直观、清晰地掌握网页设计与制作的知识，全面提升学习效果。

◇　配套视频，资源丰富。本书提供了PPT、教案、素材、源文件、课堂实操和视频等立体化教学资源。用书教师可登录人邮教育社区（www.ryjiaoyu.com）下载使用。

本书的编写与组织

本书在编写过程中获得许多老师的支持与帮助。本书由北京市商业学校王红蕾教授、北京信息科技大学吴国新教授和北京市商业学校曹培强老师任主编，牡丹江技师学院张春玲老师、北京市商业学校时延辉老师、牡丹江技师学院肖荣光老师、牡丹江技师学院丁亚君老师任副主编，感谢陆沁、刘绍婕、刘东美、尚彤、张叔阳、葛久平、殷晓峰、谷鹏、胡渤、赵頔、张猛、齐新、王海鹏、刘爱华、张杰、张凝、王君赫、潘磊、周荥、周莉、金雨、陆鑫、付强、刘智梅、秦丽研、施杨志、黄启辉、陈美荣、马丽、王凤展、王子桐、肖志勇、佟伟峰、孙一博、李姝瑾、郎琦、程德东、刘丹、李瑶、刘晶、杨秀娟、李铭、付兴龙、孙晓华、郝文红、李乐、陈璧晖、王丽丽为本书编写提供的帮助。

　　尽管我们在编写过程中力求准确、完善，但书中可能还有不足之处，恳请广大读者批评指正，在此深表谢意！

编者

2024年12月

目 录

项目1
了解网页的组成、布局设计和色彩

职场情境

当我们打开网页时，映入眼帘的除了整体布局就是网页的色彩了，为此，小艾想要对网页的组成、布局设计和色彩等内容进行初步了解，而同事凯程告诉她，好的网页布局设计和色彩会令访问者耳目一新，同样也可以使访问者快速找到所需要的信息，所以网页设计初学者应该对网页的组成、布局设计和色彩的相关知识有所了解。接下来，读者可以跟随小艾一起走进网页设计中，了解网页的组成、布局设计和色彩。

读者可以在本项目中了解网页的基本概念、了解网页设计的基础知识、掌握网页布局设计与色彩等内容。

学习目标

❖　了解网页的基本概念。

❖　了解网页设计常用的软件。

❖　掌握网页的布局设计和色彩。

❖　培养自身的审美能力，提升网页设计的美感。

任务1　了解网页的基本概念

要学习网页设计，首先要了解一些基本概念，如网页、URL等。本任务将介绍网页的基本概念，为后面设计复杂的网页打下良好的基础。

活动1　认识网页

网页是构成网站的基本元素，是一种HTML格式的文件，由浏览器解析生成图形界面。进入网站后第一眼看到的通常是这个网站的首页，首页集成了指向二级网页以及其他网站的链接，浏览者进入首页后可以浏览最新的消息，找到感兴趣的主题，还可以通过单击超链接跳转到其他网页。某网站的首页如图1-1所示。

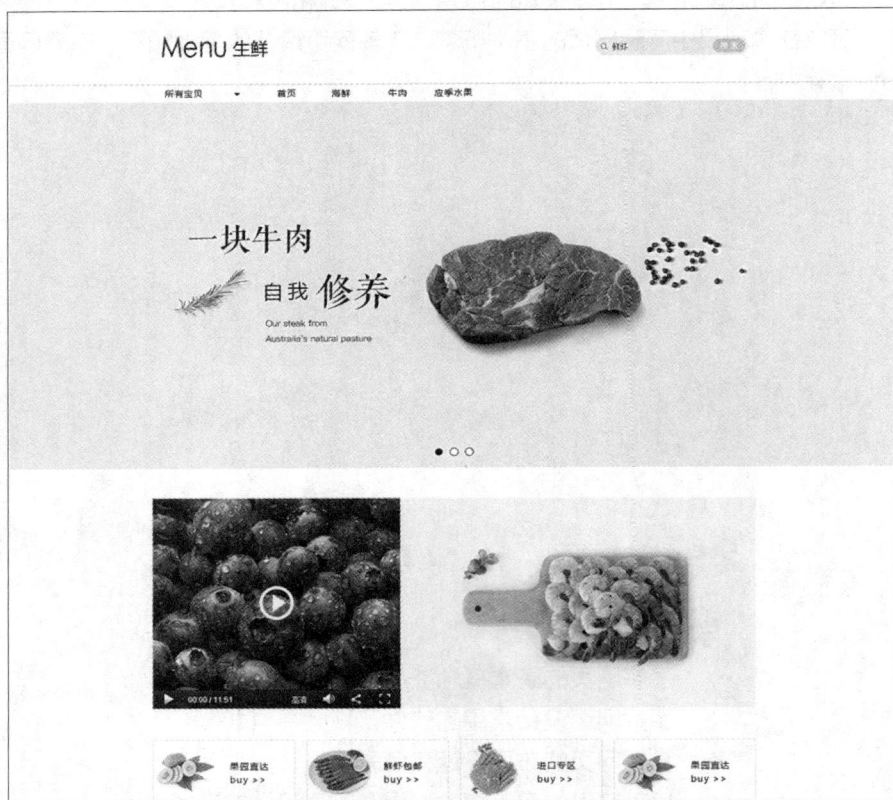

图1-1　某网站的首页

活动2　认识URL

URL的英文全称是Unified Resource Location，即统一资源定位符，它是一种通用的地址格式，指出了文件在Internet中的位置。

- 一个完整的URL地址由协议名、服务器地址、在服务器中的路径和文件名4部分组成，如http://www. bjzoo.com/science/plant.html。其中http://是指协议名，www. bjzoo.com是指服务器地址，science/plant.html是指文件名。

任务2　了解网页设计的基础知识

设计网页时需要选择网页设计软件。虽然用记事本程序手动编写源代码也能制作网页，但这需要对编程语言相当了解，并不适合广大的网页设计爱好者。由于目前可视化的网页设计工具越来越多，操作也越来越方便，因此设计网页已经变成一项轻松的工作。本任务就带领读者了解一下网页设计的基础知识，为以后的学习做好铺垫。

活动1　了解网页设计软件

网页设计软件有很多，初学者只需了解用于网页布局、图像处理和动画制作的相关软件就可以了。

1．了解网页布局软件

Dreamweaver是创建网站和网页排版的专业软件，它组合了功能强大的布局工具、应用程序开发工具和代码编辑支持工具等。Dreamweaver的功能强大且稳定，可帮助设计人员和开发人员轻松创建与管理站点。图1-2所示为Dreamweaver 2021中文版工作界面。

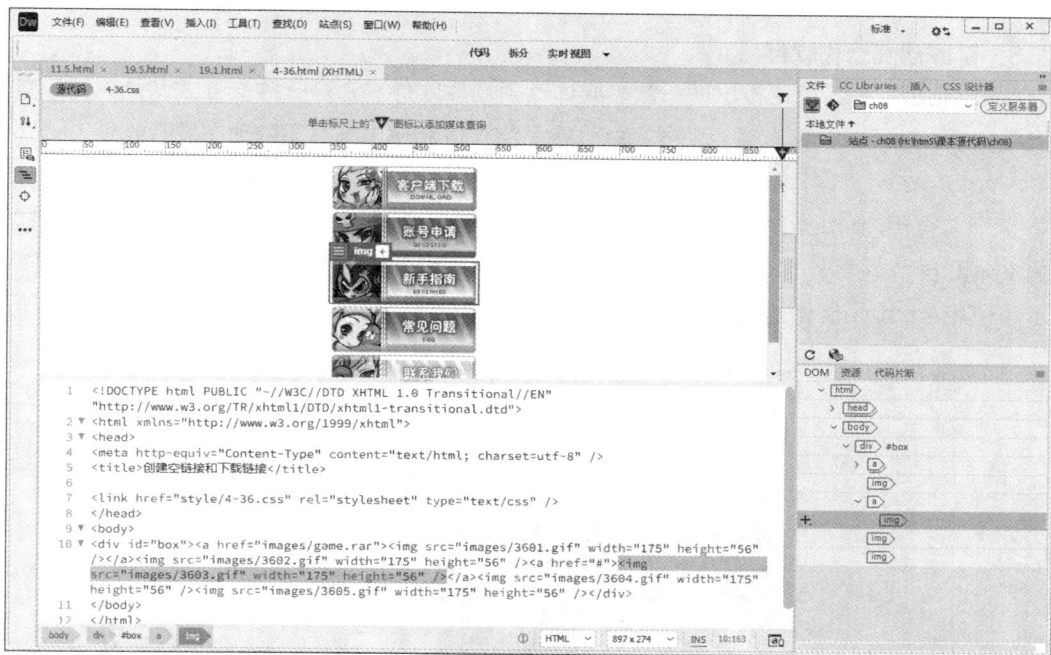

图1-2　Dreamweaver 2021 中文版工作界面

2．了解图像处理软件

网页中如果只有文字，则缺乏生动性和活泼性，网页的视觉效果和美观性也会大打折扣。因此，在网页设计过程中需要插入图像。图像是网页的重要组成元素之一。

Photoshop是Adobe公司推出的图像处理软件，目前已被广泛应用于平面设计、网页设计和照片处理等领域。随着计算机技术的发展，Photoshop已历经数次版本更新，功能越来越强大。图1-3所示为使用Photoshop 2022设计的网页图像。

图1-3 使用Photoshop 2022设计的网页图像

3. 了解动画制作软件

Animate是Adobe公司推出的一款多媒体动画制作软件。它是一种交互式动画设计工具，可以将音乐、动画以及富有新意的界面融合在一起，以制作出高品质的动态视听效果。

Animate在网页设计和网络广告中的应用非常广泛，有些网站设计者为了追求美观，甚至将整个首页用Animate设计。从浏览者的角度来看，使用Animate制作的动画网页比起一般的文本和图片网页，艺术效果更强烈，在展示产品和企业形象方面有明显的优势。图1-4所示为使用Animate制作的网页动画。

图1-4 使用Animate制作的网页动画

活动2　了解网页标记语言HTML

HTML能够将Internet不同服务器上的文件连接起来；可以将文字、声音、图像、动画、视频等媒体有机地组织起来，呈现出五彩缤纷的画面；还可以接收用户信息，与数据库相连，实现查询等交互功能。

HTML的任何标记都由"<"和">"括起来，如<HTML>、<I>。在起始标记的标记名前加上符号"/"便是它的终止标记，如</I>。夹在起始标记和终止标记之间的内容受该标记的控制，例如<I>假期愉快</I>，夹在标记"I"之间的"假期愉快"将受标记"I"的控制。HTML文件的基本结构如图1-5所示。

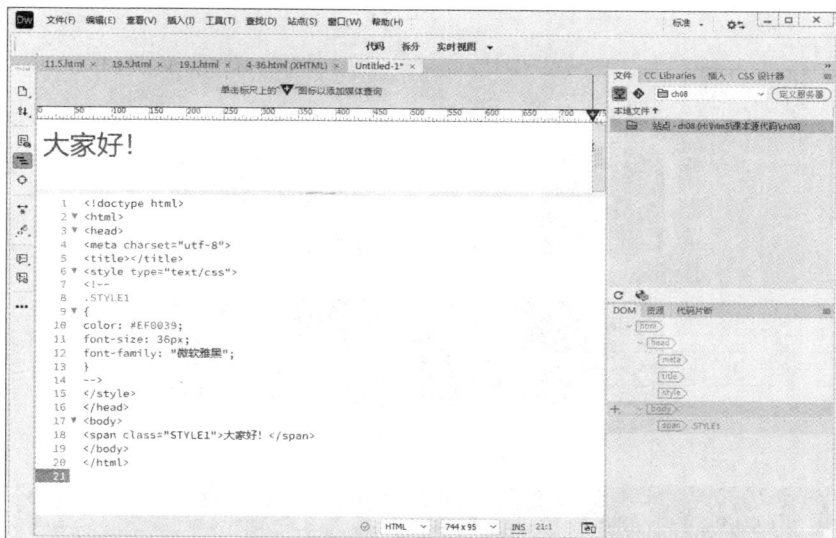

图1-5　HTML文件的基本结构

下面介绍一下HTML文件的基本结构。

1．html标记

<html>标记放在HTML文档的最前边，用来标识HTML文档的开始；而</html>标记则相反，它放在HTML文档的最后边，用来标识HTML文档的结束，两个标记必须一起使用。

2．head标记

<head>和</head>构成HTML文档的开头部分，在此标记对之间可以使用<title></title>、<script></script>等标记对，这些标记对都是描述HTML文档相关信息的标记对，<head></head>标记对之间的内容不会在浏览器内显示出来，两个标记必须一起使用。

3．body标记

<body></body>是HTML文档的主体部分，此标记对之间可包含<p></p>、<h1></h1>、
</br>等标记对，它们所定义的文本、图像等内容会在浏览器内显示出来，两个标记必须一起使用。

4．title标记

使用过浏览器的人可能会注意到浏览器窗口顶部显示的文本信息，这些信息一般是网页的"标题"，要将网页的"标题"显示在浏览器的顶部其实很简单，只需在<title></title>标记对之间加入要显示的文本即可。

活动3　了解网页的组成

网页页面的主要组成元素有文字、图片及超链接等，其中，文字与图片用来表达页面中的资料内容。但是网站不可能只有一个页面，所以超链接就负责链接各个网页。图1-6所示为包含文字、图片与超链接的网页。网页设计技术发展迅猛，单纯的文字及图片已经无法满足浏览者的需求，背景音乐、Animate动画等多媒体交互式特效是目前网页设计的主流，如图1-7所示。

图1-6　包含文字、图片与超链接的网页

图1-7　使用Animate动画多媒体特效制作的网页

素养小课堂　　在网页设计的最初阶段，要结合自身对网页的学习与理解设计属于自己的网页，切记网页中不应出现违反相关法律法规的文本、图片以及视频等，要将正能量内容有效地传播、普及。

任务3　掌握网页布局设计与色彩

掌握网页布局设计与色彩，可以让网页的设计过程更加轻松、愉快、高效。网页设计不是会用软件将网页做出来就可以了，每个网页都要有符合主题的布局和色彩，最终呈现的结果才会美观、整洁。

活动1　掌握网页布局设计

设计网页时需要根据不同的网站性质和页面内容选择合适的布局形式，通常网页布局可以分为以下几种类型。

1.　"国"字型布局

这种布局是使用最多的一种网页布局类型，是综合类网站常用的版式，即顶端是网站的标题及横幅广告条；往下是网站的主要内容，左右分列小条内容，通常情况下，左边是主菜单，右边是友情链接等次要内容，中间是主要内容，与左右一起排列到底；底端是网站的一些基本信息、联系方式、版权声明等。这种版面的优点是页面空间利用充分、内容丰富、信息量大；缺点是页面拥挤、不够灵活。

2.　拐角型布局

拐角型布局又称"T"字型布局，它和"国"字型布局比较相似，都是网页顶端和左右两边相结合的布局，通常情况下，右边为主要内容，所占比例较大。在实际运用中，还可以改变拐角型布局的形式，如左右两栏式布局，一半是正文，另一半是图像或导航栏。这种版面的优点是页面结构清晰、主次分明，易于使用；缺点是规矩呆板，如果细节色彩上不到位，很容易让人"看之无味"。

3.　框架型布局

框架型布局一般是上下或左右布局，一栏是导航栏，另一栏是正文信息。复杂的框架结构可以将页面分成多个部分，常见的是三栏布局。

4.　封面型布局

封面型布局的页面设计一般很精美，通常出现在时尚类网站、企业网站或个人网站的首页。这种版面的优点是页面内容直观，具有美感且引人注意；缺点是加载速度慢。

5.　HTML5型布局

HTML5型布局是目前非常流行的一种页面形式，HTML5功能强大，页面所能表达的信息非常丰富，视觉效果出众。

6.　标题正文型布局

标题正文型布局即上面是标题、下面是正文，文章页面或注册页面多属于此类型。

活动2　掌握网页色彩

色彩与人的情绪有一定的关系，网页设计者可以利用这一点在设计时形成自己独特的色彩效果，给浏览者留下深刻印象。不同的色系在网页中有自己的独特之处，网页色彩分类主要有按照色相分类和按照印象分类两种。

1. 按照色相分类

（1）红色

红色容易引起人的注意，也容易使人兴奋、激动、紧张、冲动，同时还是一种容易造成视觉疲劳的颜色。

在网页颜色的应用中，根据网页主题内容的需求，使用红色为主色调的网站相对较少，多将红色用于辅助色、点睛色，达到陪衬、醒目的效果。

常见的使用红色的网页多数的主题是店庆促销、开业庆典，红色还会出现在女装、美妆用品或婚庆页面中，主要是为了突出内容，提醒浏览者注意。

> **实践经验** 红色可以和蓝色混合成紫色，也可以和黄色混合成橙色。红色和绿色是对比色，红色的补色是青色。红色是三原色之一，它能和绿色、蓝色调出任意颜色。

（2）橙色

橙色，又称橘色，是红色与黄色的混合。在光谱上，橙色介于红色和黄色之间。橙色具有轻快、欢欣、收获、温馨、时尚的效果，是快乐、喜悦、具有能量的色彩。

橙色在空气中的穿透力仅次于红色，而色感较红色更暖。最鲜明的橙色是色彩中最温暖的颜色，能给人庄严、尊贵、神秘等感觉，基本上属于心理色相。橙色主要应用于与食物有关的网页中，由于橙色也是积极、活跃的色彩，还会经常在家居用品、时尚品牌、运动用品以及儿童玩具等网页中出现。

> **实践经验** 橙色在HSB数值中的H为30°。橙色的对比色是蓝色，这两种颜色彩度倾向越明确，对比强度就越大。

（3）黄色

黄色具有快乐、智慧、活泼与轻快的特点，给人十分年轻的感觉，象征光明、希望、高贵、愉快。黄色的亮度最高，和其他颜色搭配时很活跃，有温暖感。黄色也代表土地，象征权力。黄色还与某些食品色彩相似，可以应用于食品类网站。

> **实践经验** 黄色能和众多颜色相配，但是要注意和白色的搭配，因为白色是"吞没"黄色的色彩，使黄色不够鲜明。另外，深黄色最好不要与深紫色、深蓝色、深红色搭配，会使人感到晦涩与失望；淡黄色也不要与和其明度相当的色彩搭配，要拉开明度上的层次关系。黄色与红色搭配可以营造一种吉祥、喜悦的气氛；黄色与绿色搭配，会显得有朝气、有活力；黄色与蓝色搭配，可以显得美丽、清新；淡黄色与深黄色相配，可以显得高雅。

（4）绿色

绿色介于黄色和蓝色（冷暖）之间，其特点是平和、安稳、大度、宽容，是一种柔顺、恬静、满足、优美、受欢迎之色，也是网页中使用比较广泛的颜色之一。

绿色与人类息息相关，是永恒的欣欣向荣的自然之色，代表生命与希望，也充满了青春活力。绿色象征和平与安全、发展与生机、舒适与安宁、松弛与休息，甚至还有缓解眼部疲劳的作用。

绿色能使我们的心情变得明朗。黄绿色代表清新、平静、安逸、和平、柔和、春天、青春。绿色通常与保护环境主题有关，也经常被联想到与健康有关的事物，常用在与自然、健康相关的网站中，还用于生态特产、护肤品、儿童商品或保健食品网页中。

> **实践经验**　绿色中的黄色成分较多时，其特性趋于活泼、友善，具有幼稚感；在绿色中加入少量的黑色，其特性趋于庄重、老练、成熟；在绿色中加入少量的白色，其特性趋于洁净、清爽、鲜嫩。

（5）蓝色

蓝色是比较沉静的颜色，象征永恒与深邃、高远与博大、壮阔与浩渺，是令人心情畅快的颜色。

一方面，蓝色的朴实、稳重、内向特点，可以衬托那些活跃、具有较强扩张力的色彩，放在一起形成对比，同时也能活跃页面；另一方面，蓝色又具有消极、冷淡、保守等特点。如果蓝色与红、黄等色运用得当，能构成和谐的对比调和关系。

蓝色是冷色调中最典型的颜色，是网页中用得较多的颜色，也是许多人钟爱的颜色。蓝色可以表达深远、沉静、无限、理智、诚实、寒冷等感觉。蓝色给人很强烈的安稳感，同时还能够表达和平、淡雅、洁净、可靠。蓝色多用于科技产品、家电产品、化妆品或者旅游类型的网页中。

> **实践经验**　在蓝色中添加少量的红、黄、橙、白等色，均不会对蓝色的特性造成较明显的影响；如果蓝色中黄色的成分较多，其特性就会趋于甜美、亮丽；在蓝色中混入少量的白色，会使蓝色的特性趋于焦躁、无力。

（6）紫色

紫色是最具优雅气质的颜色，给人成熟与神秘感。紫色并不好驾驭，如果搭配不当，则会显得老气。紫色的明度在有彩色的色料中是最低的。紫色的低明度给人一种沉闷、神秘的感觉。紫色通常用于以女性为目标对象或以艺术品为主的网站。另外，紫色是高贵华丽的色彩，很适合用来表现珍贵、奢华的商品。

> **实践经验**　紫色中红色的成分较多时，具有压抑感、威胁感；在紫色中加入少量的黑色，其感觉就趋于神秘、高贵、难以捉摸；在紫色中加入白色，可使紫色沉闷的特性消失，变得优雅、娇气，充满女性魅力。

2. 按照印象分类

色彩搭配看似复杂，但并不神秘。色彩除了按照色相的搭配，还可以将印象作为搭配分类的方法。

（1）柔和、明亮、温柔

亮度高的色彩搭配在一起就会有一种柔和、明亮和温柔的感觉。为了避免刺眼，网页设计师一般会用低亮度的前景色调和。此类色彩常用于与女性有关的网页。

（2）洁净、爽朗

对于洁净、爽朗的印象，色环中蓝色到绿色之间的颜色应该是最适合的，并且亮度偏高，常见的此类色彩搭配组合都有白色参与。在实际设计时，可以用蓝、绿相反色相的高亮度有彩色代替白色。此类色彩常用于与厨卫有关的网页。

（3）可爱、欢乐

可爱、快乐印象的色彩搭配特点是：色相分布均匀、冷暖搭配合理、色彩饱和度高、色彩分辨度高。此类色彩常用于与儿童有关的网页。

（4）活泼、有趣

活泼、有趣印象的色彩选择更加广泛，最重要的变化是用低饱和有彩色或者灰色代替白色。此类色彩常用于与儿童有关的网页。

（5）运动型、轻快

运动型、轻快印象的色彩要强化激烈、刺激的感受，同时还要体现出健康、快乐、阳光、轻快的特点。因此，饱和度较高、亮度偏低的色彩在这类印象中经常登场。此类色彩常用于与运动有关的网页。

（6）轻快、华丽

轻快、华丽印象的页面一般充斥有彩色，饱和度偏高，适当减弱亮度能强化这种印象。此类色彩常用于与户外运动有关的网页。

（7）狂野、动感

狂野、动感的印象空间中少不了低亮度的色彩，甚至可以用适当的黑色搭配，其他有彩色的饱和度高，对比强烈。此类色彩常用于与户外运动有关的网页。

（8）女性化

女性化印象的页面中紫色和品红是主角，粉红、绿色也是常用色相。一般情况下，它们之间要进行高饱和的搭配。此类色彩常用于与女性有关的网页。

（9）优雅

要打造优雅的印象，色彩的饱和度一般要降下来，一般调节亮度与饱和度进行搭配。此类色彩常用于与女性有关的网页。

（10）自然、安稳

自然、安稳印象一般要用低亮度的黄绿色，降低色彩亮度，注意色彩之间的平衡，页面显得比较安稳。此类色彩常用于与老人有关的网页。

（11）传统、古典

传统、古典都是保守的印象，在色彩的选择上应该尽量使用低亮度的暖色。此类色彩常用于与家具建材有关的网页。

（12）稳重、有品位

亮度、饱和度偏低的色彩会给人一种稳重、有品位的感觉。这样的搭配是为了避免色彩过于保守，导致页面僵化、消极，应当注重冷暖结合和明暗对比。此类色彩常用于与珠宝或仿古产品有关的网页。

（13）有质感、高雅

灰色是最为平衡的色彩，并且能体现金属质感的主要色彩之一，因此要表达简单、时尚、高雅印象时，可以适当使用甚至大面积使用，但是需要注意图案和质感的构造。此类色彩常用于与男性有关的网页。

（14）简单、时尚

简单、时尚的色彩多数以灰色、蓝色和绿色为主导色。此类色彩常用于与男性有关的网页。

> **拓展知识**
>
> 既然已经学习了网页设计中的色彩，就要对网页安全色也有一个初步的了解。网页安全色是当红色、绿色、蓝色色彩数字信号值为0、51、102、153、204、255时构成的色彩组合，它一共有6×6×6 = 216种色彩（其中有彩色210种，非彩色6种）。216网页安全色是指在不同硬件环境、不同操作系统、不同浏览器中能够正常显示的色彩集合（调色板）。也就是说，这些色彩在任何显示设备上的显示效果都是相同的。在网页设计中使用216网页安全色可以避免原有的色彩失真的问题。

活动3 掌握网页中的色彩推移

采用色彩推移的方式组合色彩通常是实现页面色调统一的最好方法之一。

色彩推移是将色彩按照一定规律有序地排列、组合，包括色相推移、明度推移、纯度推移、互补推移和综合推移等。设计师可以通过色彩推移的方法使页面色彩看起来更加统一、和谐。色彩推移可以运用到局部图像上，如图1-8所示。

1. 色相推移

色相推移是将色彩按色相环的顺序，由冷到暖或由暖到冷进行排列、组合的一种渐变形式。

2. 明度推移

明度推移是将色彩按明度等差级数系列的顺序，由浅到深或由深到浅进行排列、组合的一种渐变形式。明度推移一般选用单色系列组合，也可选用两个色彩的明度系列，但也不宜选用太多，否则看起来比较杂乱，效果适得其反。

图1-8　使用色彩推移方法的页面局部

3. 纯度推移

纯度推移是将色彩按等差级数系列的顺序，由鲜到灰或由灰到鲜进行排列、组合的一种渐变形式。

4. 互补推移

互补推移是位于色相环通过圆心180°两端位置上一对色相的纯度组合推移形式。

5. 综合推移

综合推移是将色彩按色相、明度、纯度推移进行综合排列、组合的渐变形式，由于色彩三要素同时加入，其效果要复杂、丰富得多。

> **实践经验**
>
> 在使用色彩综合推移为网页搭配色彩时，要注意色调之间的协调性。

综合实战——绘制"国"字型网页布局草图

实战训练要求

1. 掌握在Photoshop软件中新建文档的方法。

2. 掌握在Photoshop软件中绘制矩形的方法。

3. 输入对应文本。

实战素材

素材文件：无。

任务单

项目编号	1-1	项目名称	综合实战——绘制"国"字型网页布局草图
时间		地点	
目的： 实践网页设计前期的布局与构图。			
课堂实践： 在 Photoshop 软件中新建文档、绘制矩形、输入文本，完成一个"国"字型页面的布局。			
考核标准： 1. 在 Photoshop 软件中新建文档，设置宽度、高度分别为 1024 像素、768 像素。10 分 2. 绘制不同色彩的矩形。10 分 3. 输入不同区域的文字。10 分			
内容可粘贴：			
评价			
评分：		指导教师签字：	

实战效果图

效果文件：源文件\项目1\综合实战——绘制"国"字型网页布局草图，如图1-9所示。

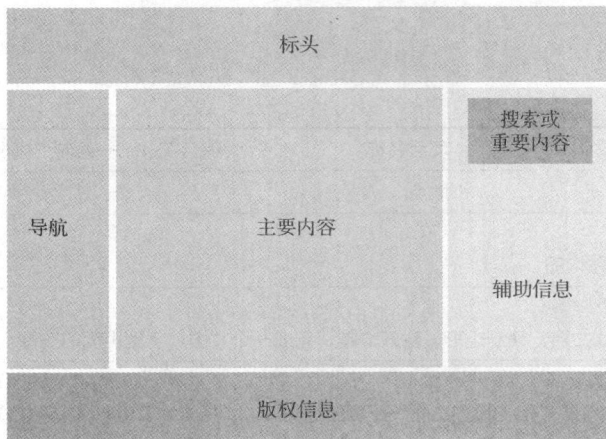

图1-9 "国"字型网页布局草图

综合实战——吸取颜色

实战训练要求

1. 掌握使用Photoshop打开素材的方法。
2. 掌握吸管工具的使用方法。
3. 吸取颜色作为前景色。
4. 设置应用于网页的Web颜色。

实战素材

素材文件：素材\项目1\精油，如图1-10所示。

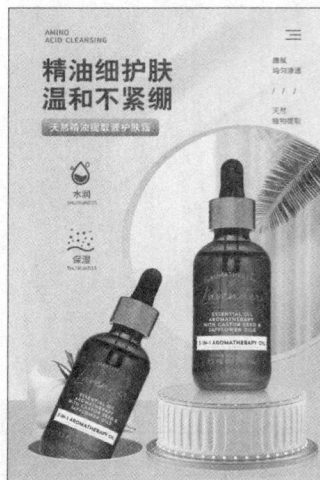

图1-10 实战素材

任务单

项目编号	1-2	项目名称	综合实战——吸取颜色
时间		地点	

目的：
实践网页设计中图片的颜色吸取流程。

课堂实践：
在 Photoshop 中打开素材、设置吸管工具、吸取颜色作为前景色、设置应用于网页的 Web 颜色，完成网页图片颜色的吸取。

考核标准：
1. 打开网页图片。10 分
2. 设置吸管工具。10 分
3. 设置前景色。10 分
4. 设置应用于网页的 Web 颜色。10 分

内容可粘贴：

评价	
评分：	指导教师签字：

实战效果图

效果文件：源文件\项目1\综合实战——吸取颜色，如图1-11所示。

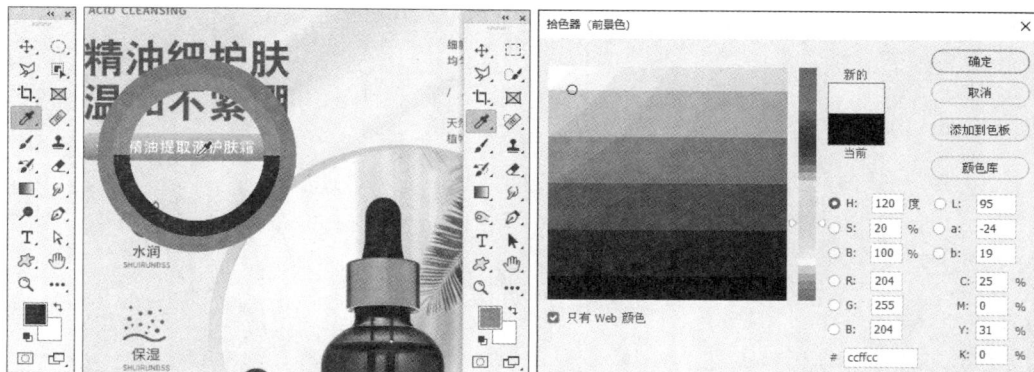

图1-11　网页图片颜色吸取

课后习题

一、判断题

1. 首页是指网站中的任一页面。（　　　）

2. 进行网页设计时色彩可以随意进行搭配。（　　　）

二、填空题

1. 通常浏览者进入网站时，最先看到网页被称为_____。

2. _____是HTML文档的主体部分，在此标记对之间可包含<p></p>、<h1></h1>、
</br>等标记对，它们所定义的文本、图像等会在浏览器内显示出来，两个标记必须一块使用。

三、选择题

1. 网页安全色共有（　　　）种色彩。

    A. 256 　　　　　　B. 216 　　　　　　　C. 全彩 　　　　　　D. 65536

2. 网页中的色彩推移可通过（　　　）方式进行。

    A. 色相推移 　　　B. 明度推移 　　　　C. 纯度推移 　　　D. 互补推移

    E. 综合推移

项目2
掌握网页中图像的处理基础知识

职场情境

  网页设计中只要涉及图像，就需要对其进行相应的处理，无论是为保护自己图像不被盗用，还是用到的图像中存在一些瑕疵，都需要进行前期的加工，图像处理是网页设计中不可缺少的重要内容。为此，小艾想使用比较专业的软件对图像进行处理，同事凯程告诉她，Photoshop是一个在图像处理领域非常专业、好用的软件，图像处理包括裁剪与校正、修饰及保护自己的图像，以及添加水印、处理色调问题、处理瑕疵图像等操作。

  本项目主要介绍各种处理图像的方法，使图像以最好的效果呈现在我们的网页中。

学习目标

❖ 掌握裁剪、校正与旋转图像的方法。

❖ 掌握添加水印的方法。

❖ 掌握处理图像色调问题的方法。

❖ 掌握处理瑕疵图像的方法。

❖ 明确分工，充分了解团结协作在工作中的重要性。

❖ 用知识"武装"自己，增强自身动手操作的能力和学习的信心。

任务1　掌握裁剪、校正与旋转图像的方法

网页中的图像需要用到拍摄的照片时，由于拍摄角度或姿势等问题，拍摄出的照片会出现倾斜效果。如果对这张照片非常喜欢，但不能重新拍摄，可以通过Photoshop软件对其进行重新构图和修正。

活动1　掌握裁剪图像的方法

不同网页中的图像，可以根据布局对其进行精细的裁剪，例如网店页面中有些图像在特定的区域中是需要固定大小的，在插入图像之前一定要先了解该区域要求的图像大小。这里以制作网店页面中的标准店招为例，标准店招的宽度为950像素、高度为120像素。打开一张图像后，选择裁剪工具 🔲，在属性栏中设置"宽度"为"950像素"、"高度"为"120像素"、"分辨率"为"72像素/英寸"，然后使用裁剪工具 🔲 在图像中选择自己喜欢的区域创建一个裁剪框，按"Enter"键即可完成裁剪，如图2-1所示。

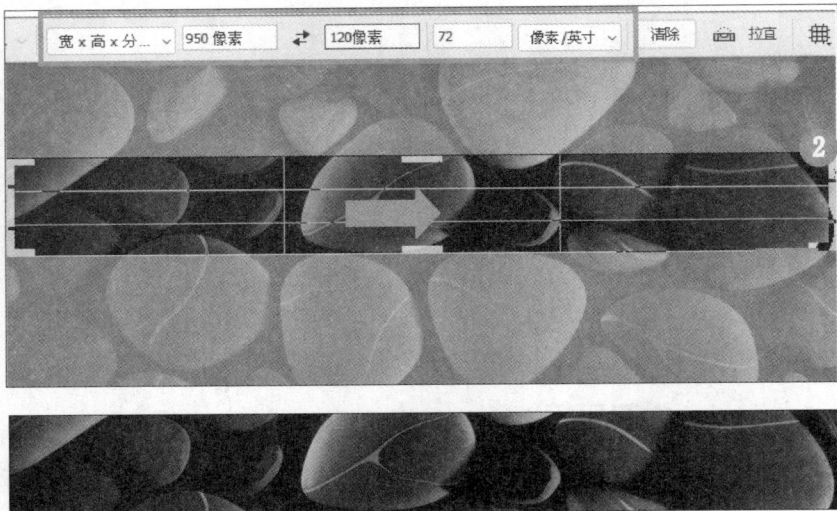

图2-1　裁剪图像

> **实践经验**　使用裁剪工具 🔲 裁剪图像时，设置"宽度"与"高度"属性后，无论在图像中创建的裁剪框多大，裁剪后的图像大小都是一致的；使用矩形选框工具 🔲 按"固定大小"创建选区后再使用"裁剪"命令，同样可以裁剪出固定尺寸的图像。

活动2　掌握校正图像的方法

有时网页设计需要的图像会有倾斜的问题，出现这种情况是因为拍摄角度或姿势等不太合适，如果不想重新进行拍摄，但还想继续使用这张照片，就需要对其进行相应的校正，使其符合网页的需求。处理前后的对比如图2-2所示。

图2-2　处理前后的对比

　　无论使用裁剪工具校正倾斜问题，还是使用标尺工具校正倾斜问题，都可以根据照片中的线索进行校正。例如图2-2，可利用地平线进行校正。

课堂实操——通过裁剪工具校正倾斜的图像

对于图像倾斜的照片，我们可以通过Photoshop轻松将其修正，而不需要重新拍摄，处理过程如下。

（1）启动Photoshop软件，打开配套资源中的"素材\项目2\倾斜照片"素材文件，不难看出照片中存在一些倾斜问题，如图2-3所示。

（2）选择裁剪工具，在属性栏中单击"拉直"按钮，如图2-4所示。

图2-3　打开素材文件·

图2-4　选择并设置工具

（3）在图像中地面与天空相连处拖曳鼠标，如图2-5所示。

（4）按"Enter"键完成对倾斜图像的校正，如图2-6所示。

（5）校正完毕后再调整一下对比度，执行菜单栏中"图像/调整/色阶"命令，打开"色阶"对话框，其中的参数设置如图2-7所示。

（6）设置完毕后单击"确定"按钮，完成本次的课堂实操，效果如图2-8所示。

图2-5　在地面与天空相连处拖曳鼠标　　　　　　图2-6　校正后

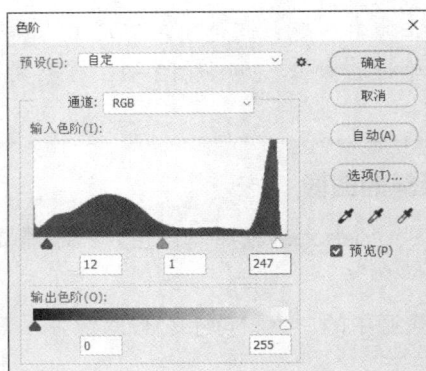

图2-7　调整色阶　　　　　　图2-8　最终效果

活动3　掌握旋转图像的方法

将数码相机拍摄的照片上传到计算机中，可能会发现照片由竖幅变为横幅效果，若将其直接上传到网店中，会让图像看起来很不舒服，使整个网页的美感大大降低。此时利用Photoshop可快速将横幅的照片转换成竖幅效果，旋转前后的对比如图2-9所示。

图2-9　旋转前后的对比

课堂实操——通过"图像旋转"命令将横幅变为竖幅效果

在Photoshop中，使用"图像旋转"命令即可将横幅变成竖幅效果，处理过程如下。

（1）启动Photoshop软件，打开附带资源中的"素材\项目2\音箱"素材文件，不难看出横幅照片看起来很奇怪，如图2-10所示。

（2）执行菜单栏中"图像/图像旋转"命令，便可以在子菜单中通过选择相应命令对图像进行修改，如图2-11所示。

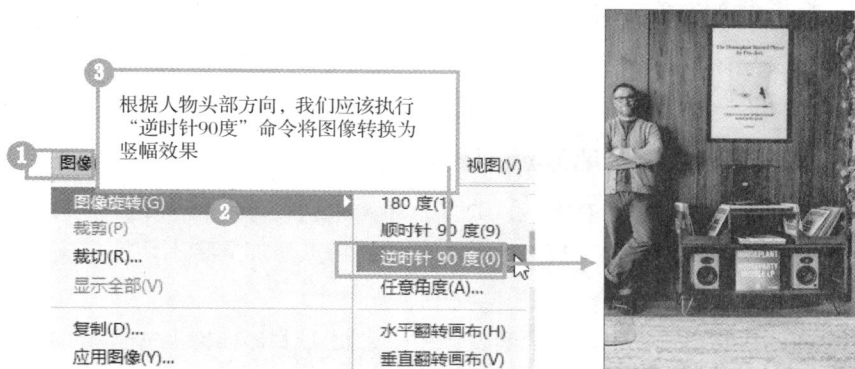

图2-10　打开素材文件

图2-11　转换为竖幅效果

> 在Photoshop中使用"变换"命令对图像进行旋转时，图像最后的显示高度是原图横放的高度，超出的范围不会被显示，如图2-12所示。

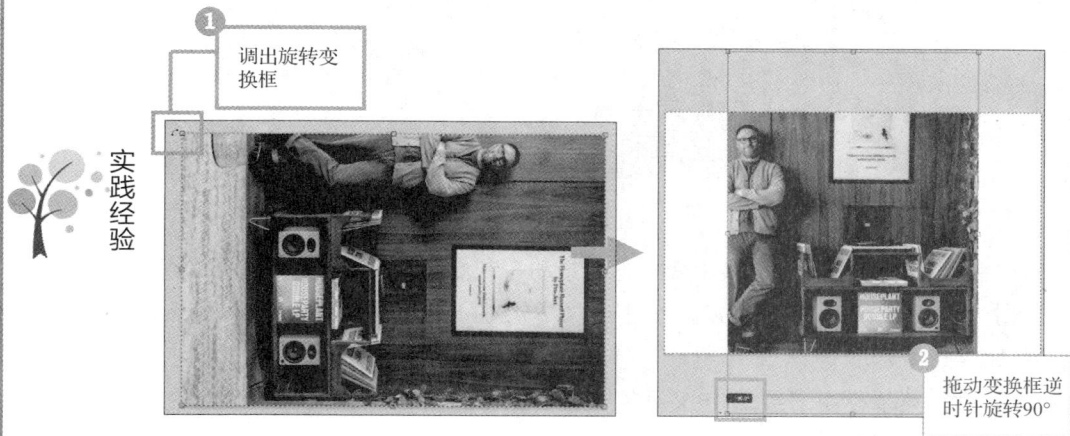

实践经验

图2-12　通过执行"变换"命令旋转得到的竖幅效果

> 实践经验　　在制作展示图像时，应该注意：保持图像的清晰度，不要将图像拉伸或扭曲；图像要居中，大小要合适，不能为了突出细节而使主体过大，这样会使浏览者感到不舒服，分不清主次；图像背景不能太乱，要与主体相配合。

任务2　掌握添加水印保护图像的方法

如果网页中用到的照片是自己拍摄的，就需要考虑两个问题：一个是如何让浏览者更喜欢网页中的照片；另一个是如何避免自己辛苦拍摄并处理的照片被别人稍加篡改应用到其他网页中。从版权方面考虑，一定要为图像添加相应的版权保护标记，例如添加一些水印。

活动1　掌握添加文字水印的方法

为照片添加文字水印，除了能增强专业性和整体感，还能保护自己的照片不被他人盗用。添加的文字水印一般比较淡，不会影响图像本身的观赏性。

课堂实操——通过定义画笔为图像添加文字水印

通常情况下，网页中的图像有很多，为多个图像添加水印是一件很费时的事，本次课堂实操介绍定义画笔后，使用画笔工具按照每张图像的特点添加文字水印的方法。添加文字水印的具体操作如下。

（1）启动Photoshop软件，打开配套资源中"素材\项目2\挂树上的音箱"素材文件，使用横排文字工具 T 键入文字，如图2-13所示。

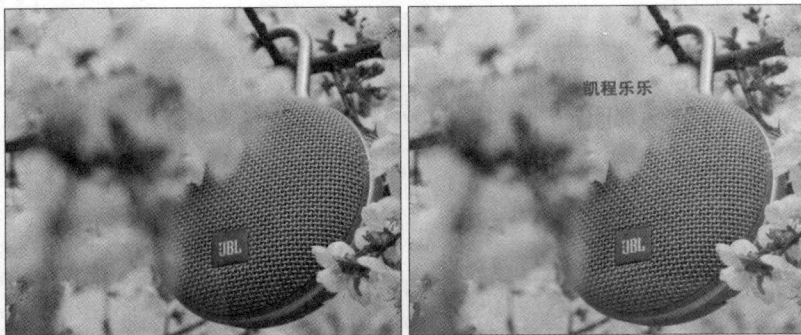

图2-13　打开素材文件并键入文字

（2）按"Ctrl+T"组合键调出变换框，拖动控制点将文字旋转，如图2-14所示。

（3）按"Enter"键完成变换，按住"Ctrl"键并单击文字图层的缩略图，调出文字的选区，如图2-15所示。

（4）执行菜单栏中"编辑/定义画笔预设"命令，打开"画笔名称"对话框，其中的参数设置如图2-16所示。

（5）设置完毕后单击"确定"按钮，按"Ctrl+D"组合键取消选区，隐藏文字图层，新建"图层1"图层，如图2-17所示。

图2-14　旋转文字

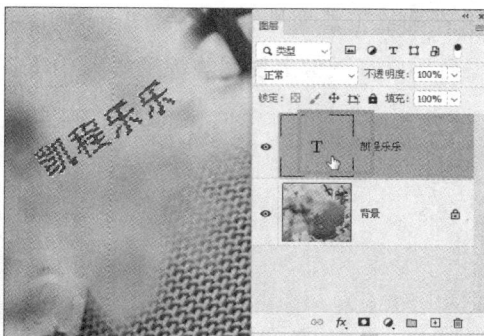

图2-15　调出文字的选区

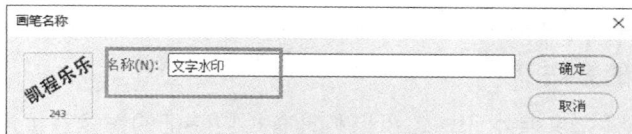

图2-16　"画笔名称"对话框

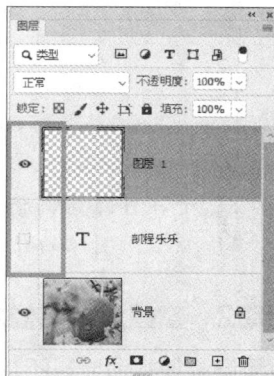

图2-17　"图层"面板

（6）选择画笔工具 ，在"画笔预设"选取器中找到"文字水印"画笔并选择，如图2-18所示。

图2-18　选择"文字水印"画笔

实践经验

定义的画笔可以在多个不同的图像中进行应用，并且具有相同的属性。

（7）在画笔工具属性栏中设置"不透明度"为50%，效果如图2-19所示，选择一种合适的前景色后，在图像上使用画笔工具 ✏ 单击即可添加文字水印。

图2-19　添加文字水印

> **实践经验**　使用定义画笔预设的方法定义画笔后，按照不同图像的大小改变画笔大小即可随意调整水印的大小，可以通过设置前景色设置水印颜色，还可以按照不同图像的效果随意改变水印的位置。

活动2　掌握添加图像水印的方法

为图像添加水印时，不仅可以添加文字水印，还可以将具有相应特征的图像直接添加到图像中。图像性质的水印可以是商标，也可以是文字与图形相结合的图像，这样做可以防止自己辛苦制作的图像被盗用。

课堂实操——通过定义图案添加图像水印

添加水印的方法除了定义画笔后为图像添加文字水印的方法，还可以将制作的图像定义成图案以填充的方式为图像添加图像水印，具体操作如下。

（1）执行菜单栏中"文件/新建"命令或按"Ctrl+N"组合键，新建一个正方形的文档，将背景颜色设置为"黑色"，如图2-20所示。

图2-20　新建文档

（2）选择直线工具 ✏，在属性栏中设置参数，如图2-21所示。

图2-21　设置参数

（3）在文档中绘制十字线，如图2-22所示。

（4）选择两个直线图层，按"Ctrl+E"组合键将其合并为一个图层，执行菜单栏中"图层/栅格化/形状"命令，将形状图层转变为普通图层，如图2-23所示。

图2-22　绘制十字线　　　　　　　图2-23　栅格化图层

（5）使用椭圆选框工具 在中间绘制一个椭圆选区，按"Delete"键清除选区内的图像，如图2-24所示。

（6）按"Ctrl+D"组合键取消选区，使用横排文字工具 键入文字，如图2-25所示。

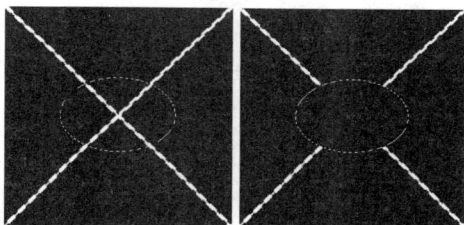

图2-24　清除选区内的图像　　　　　　　图2-25　键入文字

（7）按"Ctrl+A"组合键调出整个图像的选区，如图2-26所示。

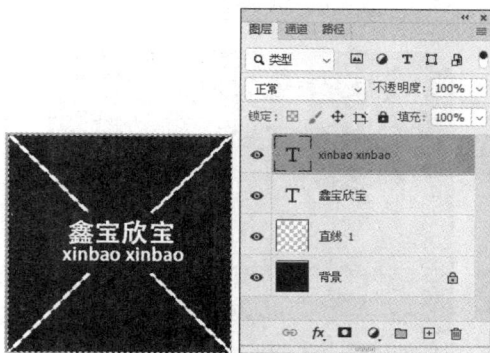

图2-26　调出整个图像的选区

（8）执行菜单栏中"编辑/定义图案"命令，打开"图案名称"对话框，设置"名称"为"我的图案"，如图2-27所示。

（9）单击"确定"按钮，此时将图案进行保存，打开配套资源中"素材\项目2\加湿器"素材，如图2-28所示。

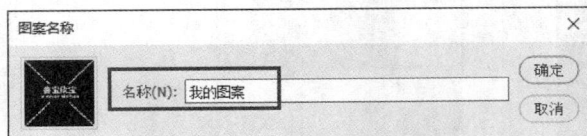

图2-27　定义图案

图2-28　打开素材文件

（10）执行菜单栏中"图层/新建填充图层/图案"命令，打开"图案填充"对话框，找到刚才定义的图案，其他参数设置如图2-29所示。

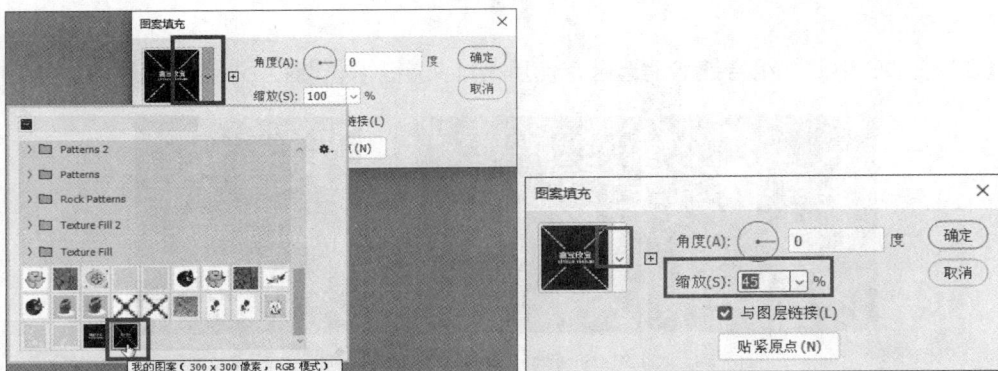

图2-29　"图案填充"对话框以及参数设置

（11）设置完毕后单击"确定"按钮，效果如图2-30所示。

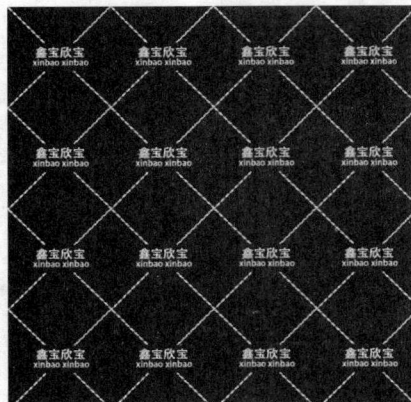

图2-30　填充效果

（12）在"图层"面板中设置"混合模式"为"线性减淡（添加）"、"不透明度"为30%。至此，本次课堂实操完成，效果如图2-31所示。

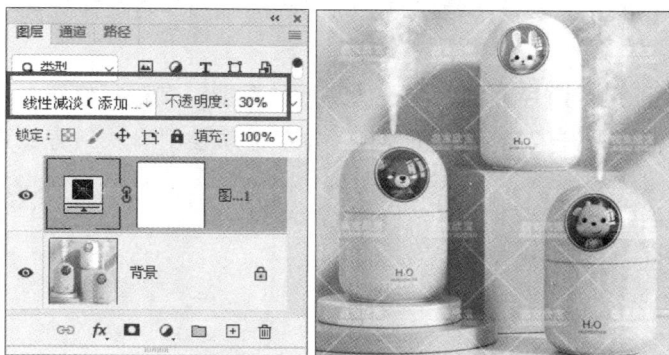

图2-31　最终效果

定义后的图案可以应用到多张图像中，以创建统一的防伪标识，如图2-32所示。

实践经验

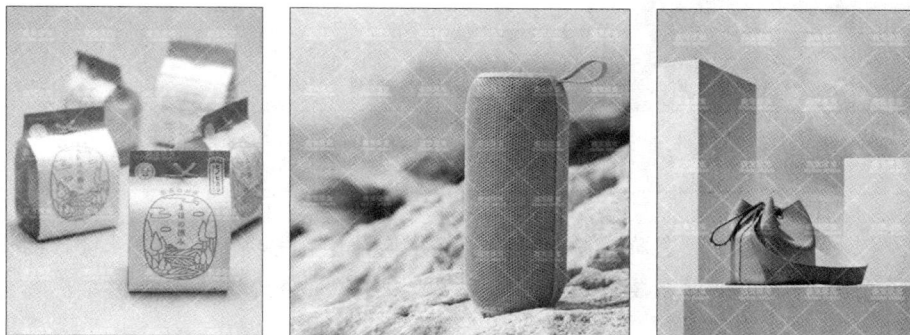

图2-32　填充多张图像

任务3　掌握处理图像色调问题的方法

拍摄时并不是所有的照片都能达到理想效果，有时会因为环境的问题出现偏暗、曝光不足、颜色不正等瑕疵，本任务通过课堂实操的方式讲解使用Photoshop处理图像色调问题的方法。

活动1　掌握处理偏暗或曝光不足的图像的方法

在太阳直射下或光线不足的环境中拍摄照片时，如果没有设置好相机的参数，就会拍出太亮或太暗的照片。如果是曝光不足的照片，画面会发灰或发黑，从而影响照片的质量。要想将照片以最佳的状态进行存储，一是在拍照时调整好光圈、角度和位置；二是使用Photoshop对效果不好的照片进行修改。

课堂实操——通过色阶处理曝光不足的图像

本次课堂实操讲解照片曝光不足的补救方法，使用的软件是Photoshop，具体操作如下。

（1）启动Photoshop，打开附带资源中的"素材\项目2\高跟鞋"素材文件，如图2-33所示。

（2）由于曝光不足，照片就像蒙上一层灰沙，需要对其进行修正。执行菜单栏中"图像/调整/色阶"命令，打开"色阶"对话框，向左拖动控制滑块到有像素分布的区域，如图2-34所示。

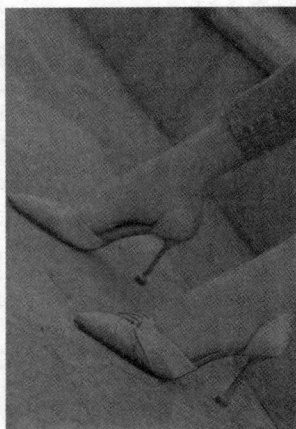

图2-33　打开素材文件

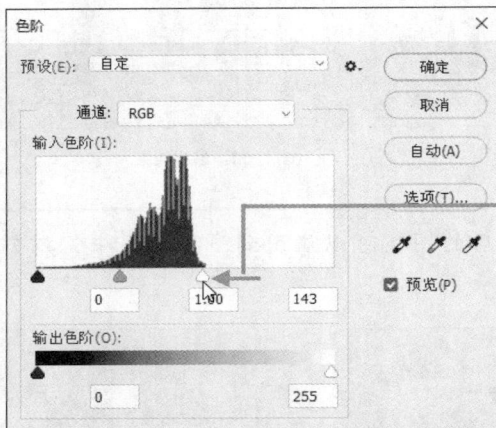

图2-34　"色阶"对话框

向左拖动控制滑块

> **实践经验**　　在"色阶"对话框中，直接拖动控制滑块可以对图像进行色阶调整，在文本框中直接输入数值同样可以对图像的色阶进行调整。

（3）调整完毕后单击"确定"按钮，效果如图2-35所示。

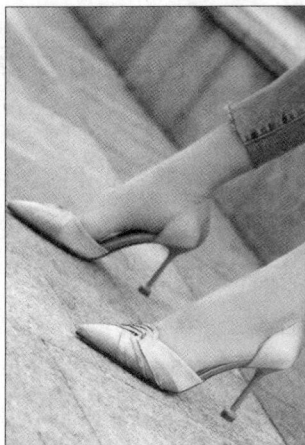

图2-35　效果

初学者可能不太习惯使用对话框，可以直接通过执行菜单栏中"图像/自动色调"命令调整曝光不足产生的图像灰暗效果，如图2-36所示。

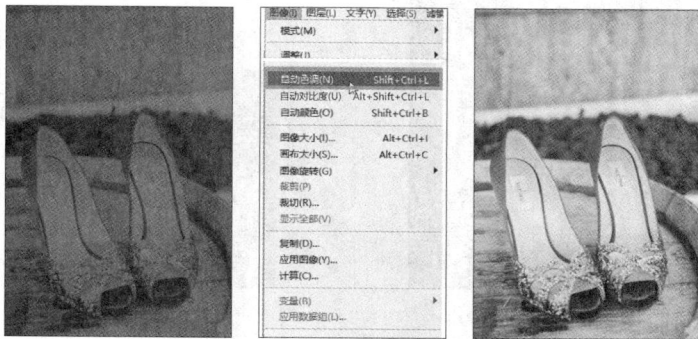

图2-36　执行"自动色调"命令后的效果

在拍摄照片时由于摄影技巧与光源等原因，拍出的照片会给人一种层次相融合的感觉，从而不能有效地体现整张照片的实物纹理，而使用Photoshop可轻松调整所拍照片的层次感。

活动2　掌握处理偏色图像的方法

在日常生活中，拍摄的照片的颜色与现实见到的不太一样，拍摄的照片常常会出现偏色、颜色鲜艳度不够等问题，如果不想重拍，就要对其进行偏色的调整。

课堂实操——通过色彩平衡校正偏色图像

在使用相机拍照时，由于各种原因导致照片出现偏色问题，本次课堂实操介绍如何使用Photoshop轻松修正照片偏色问题，具体操作如下。

（1）执行菜单栏中"文件/打开"命令或按"Ctrl+O"组合键，打开附带资源中"素材\项目2\蛋糕"素材文件，如图2-37所示。

（2）从打开的素材文件中看到照片存在偏色问题，下面对偏色进行处理。执行菜单栏中"窗口/信息"命令，打开"信息"面板，选择吸管工具 ✐，设置"取样大小"为3×3平均，如图2-38所示。

如果想确认照片是否偏色，最简单的方法是使用"信息"面板查看照片中灰色的位置，因为灰色属于中性色，所以这些区域的RGB颜色值应该是相等的，如果发现某个数值太高，就可以判断该照片存在偏色问题。在照片中寻找灰色区域时，最好选择灰色路灯杆、灰色路面、灰色墙面等。由于每个显示器的色彩或多或少存在一些差异，因此最好使用"信息"面板精确判断，再对其进行修正。

图2-37　打开素材文件　　　　　　　　图2-38　设置吸管工具

（3）将鼠标指针移到照片中本应该是灰色的木板上，此时在"信息"面板中发现RGB的数值明显不同，红色小于绿色与蓝色，如图2-39所示，说明照片为少红问题。

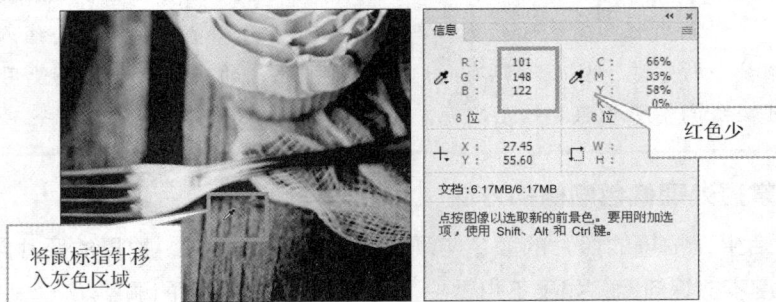

图2-39　在灰色区域中查看RGB的数值

（4）在"图层"面板中单击"创建新的填充或调整图层"按钮，在弹出的菜单中选择"色彩平衡"命令，如图2-40所示。

（5）打开"色彩平衡"属性面板，由于图像缺红色，向右拖曳"青色　红色"的滑块，使图像中的红色增加，如图2-41所示。

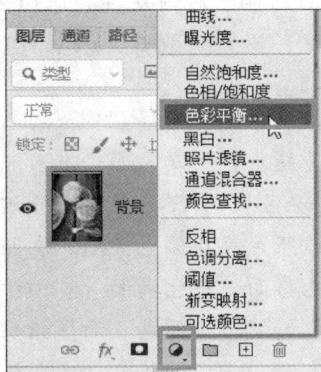

图2-40　选择"色彩平衡"命令　　　　　　图2-41　调整色彩平衡

（6）向左拖曳"洋红　绿色"的滑块，减少一点绿色，至此，完成偏色的调整，效果如图2-42所示。

（7）再次将鼠标指针移到灰色区域，在"信息"面板中发现RGB的数值比较接近，说明基本不偏色了，如图2-43所示。

图2-42　调整色彩平衡后

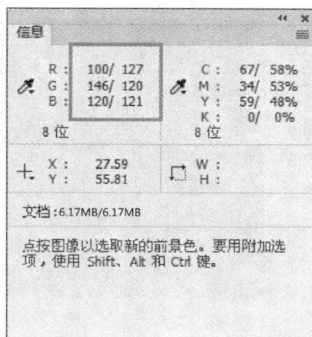

图2-43　"信息"面板

> **实践经验**　　调整偏色图像时，还可以使用"色阶"命令、"曲线"命令，通过设置对应调整通道的参数调整偏色问题。

活动3　掌握改变图像色调的方法

使用Photoshop中的"色相/饱和度"功能，可以轻松地将一种颜色变为多种颜色，使用该功能时，可以进行整体调整，也可以进行局部调整，如图2-44所示。

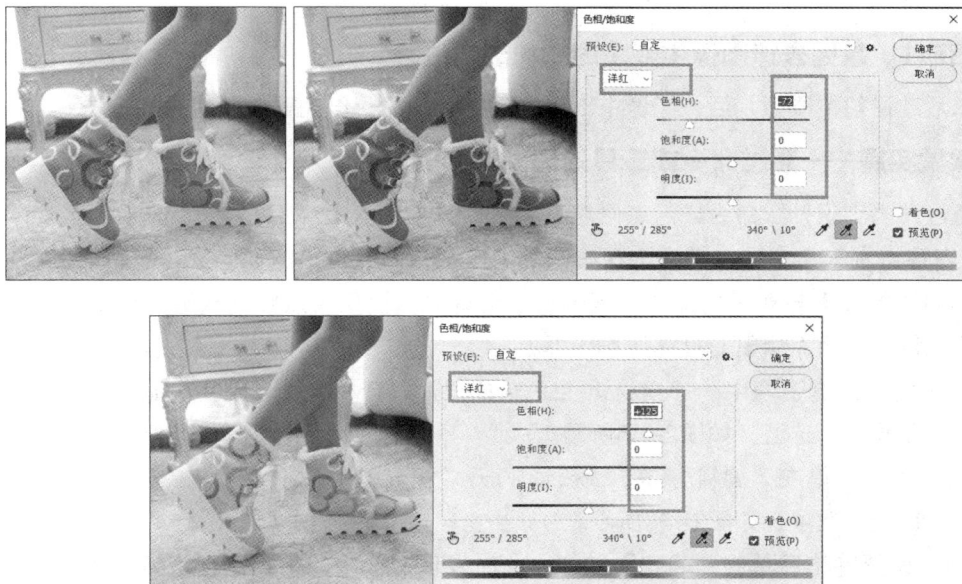

图2-44　使用"色相/饱和度"功能调整图像

使用"色相/饱和度"功能调整颜色时，如果选择单色进行图像的调整，则只对被选取的颜色进行调整；如果选择的是全图，则会针对所有颜色进行调整；创建选区后，可以只对选区内的图像进行调整，如图2-45所示。要想改变灰度图像的色相，必须勾选"着色"复选框。

实践经验

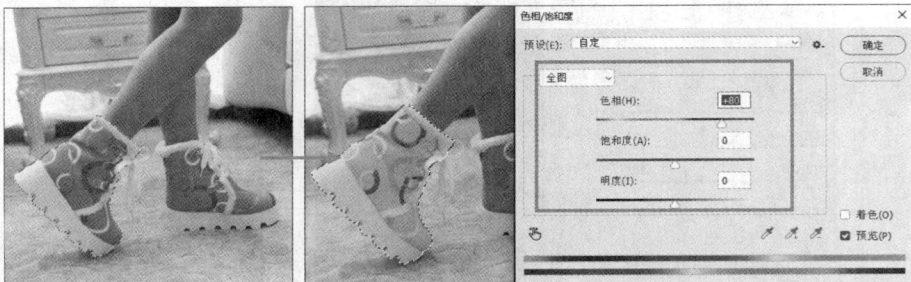

图2-45 调整色相

任务4 掌握处理瑕疵图像的方法

网页通常离不开图像，如果单独以文字描述作为网页的内容，会大大降低浏览者对该网页的兴趣。一张好的图像，不但可以直观地展示该产品的外观，还可以展示产品的主要特点，从而增加浏览者对该网页的兴趣。然而拍好一张照片并不是一件容易的事情，环境光线、摆放角度、没有移走的其他物品，甚至是相机中自动添加的日期都会对当前照片产生影响，本任务讲解去掉杂质、增加图像清晰度和为模特皮肤进行磨皮等知识。

活动1 掌握去掉图像中多余的杂质的方法

本活动讲解拍摄照片后，图像中出现的污点、水印、日期等杂质的去除方法。

课堂实操——通过命令或工具处理图像中的污点

通过"内容识别"命令或污点修复画笔工具 快速对图像中的污点进行处理。

"内容识别"命令可以结合选区将图像中多余的部分进行快速修复，该功能主要使用选区外部周围的像素与选区内部的像素进行融合修复。使用污点修复画笔工具 可以十分轻松地将图像中的污点修复，具体操作如下。

（1）打开配套资源中的"素材\项目2\污迹照片"素材文件，使用椭圆选框工具 在图像污点上创建一个选区，如图2-46所示。

（2）执行菜单中"编辑/填充"命令，打开"填充"对话框，在"内容"下拉列表中选择"内容识别"选项，如图2-47所示。

（3）设置完毕后单击"确定"按钮，此时发现选区内的杂物已经被清除了，按"Ctrl+D"组合键去掉选区，处理后的效果如图2-48所示。

（4）下面讲解使用污点修复画笔工具 ⬚ 修复污点的方法。选择该工具后，在图像中要修掉的污点区域上按住鼠标左键并拖动，如图2-49所示。

图2-46　创建选区

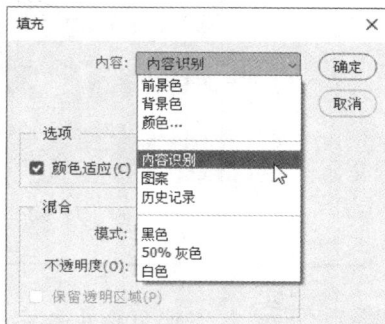

图2-47　"填充"对话框

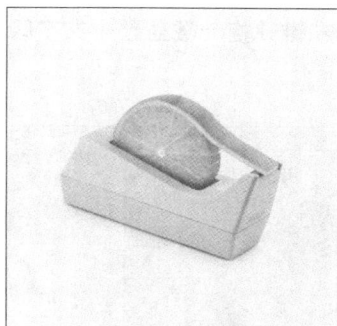

图2-48　处理后的效果

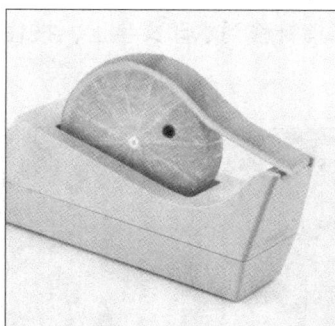

图2-49　使用污点修复画笔工具修复污点

（5）涂抹完毕后松开鼠标左键，完成修复。

> 实践经验　　使用污点修复画笔工具 ⬚ 修复图像时最好将画笔调整得比污点大一些。

课堂实操——通过修复画笔工具去除图像中的水印

使用修复画笔工具 ⬚ 可以对被破坏的图像或有瑕疵的图像进行修复。使用该工具进行修复时首先要取样（取样方法为按住"Alt"键在图像中单击），再使用鼠标在需要修复的位置涂抹。使用样本像素进行修复的同时可以把样本像素的纹理、光照、透明度和阴影与需要修复的像素相融合。修复画笔工具 ⬚ 常用来修复瑕疵图像，具体操作如下。

（1）执行菜单栏中"文件/打开"命令或按"Ctrl+O"组合键，打开配套资源的"素材\项目2\毛绒玩具水印"素材文件，如图2-50所示。

（2）选择修复画笔工具 ⬚ ，设置画笔直径为"25"、"模式"为"正常"，单击"取样"按钮，按住"Alt"键在水印下面的玩具脚底单击进行取样，如图2-51所示。

图2-50　打开素材文件

图2-51　取样

> **实践经验**　　　使用修复画笔工具 ✐ 时，通常按照被修复区域应该存在的像素在附近取样，这样能将图像修复得更好一些。

（3）将鼠标指针移到水印文字上，按住鼠标左键并拖动覆盖整个文字区域，修复过程如图2-52所示。

图2-52　修复过程

（4）使用同样的方法对水印进行进一步的去除，使图像看起来更加完美，效果如图2-53所示。

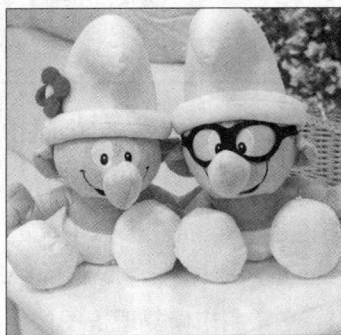

图2-53　去除水印后的效果

课堂实操——通过修补工具清除照片中的日期

大多数数码相机会将拍摄的日期添加到照片中，使用修补工具 ▦ 可以十分轻松地将日期清除，具体操作如下。

（1）执行菜单栏中"文件/打开"命令或按"Ctrl+O"组合键，打开附带资源中的"素材\项目2\香皂盒"素材文件，如图2-54所示。

（2）选择修补工具，在属性栏中选择"修补"为"内容识别"、"结构"为"1"、"颜色"为"2"，在图像的日期所在区域按住鼠标左键并拖动创建选区，如图2-55所示。

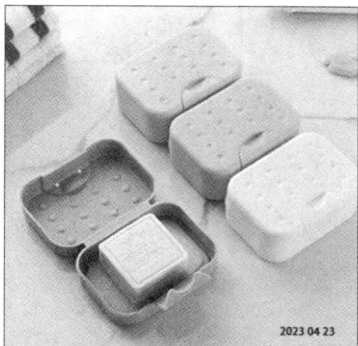

图2-54　打开素材文件

图2-55　设置"修补工具"属性栏

（3）在选区内按住鼠标左键并向右上方拖动，拖动的同时尽量找与文字背景颜色相近的图像区域，如图2-56所示。

（4）松开鼠标左键后系统会自动进行修复。按"Ctrl+D"组合键取消选区，完成修补，效果如图2-57所示。

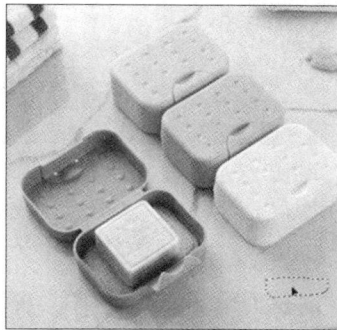

图2-56　修补过程

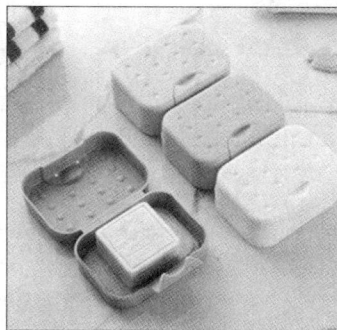

图2-57　最终效果

活动2　掌握增加图像清晰度的方法

受外界环境的影响，或者由于技术原因，很多照片会有些模糊。将看着比较模糊的图像直接上传到网页，会大大降低网页的整体观赏度。

课堂实操——通过滤镜修复模糊图像

使用Photoshop进行锐化处理可以将照片变得清晰一些，具体的调整方法如下。

（1）启动Photoshop软件，打开一张有点模糊的图像，如图2-58所示。

（2）拖动"背景"图层到"新建图层"按钮⊞上，复制背景图层，得到"背景 拷贝"图层，如图2-59所示。

图2-58　素材

图2-59　复制图层

（3）执行菜单栏中"滤镜/其他/高反差保留"命令，打开"高反差保留"对话框，设置"半径"为1.8像素，如图2-60所示。

（4）设置完毕后单击"确定"按钮，效果如图2-61所示。

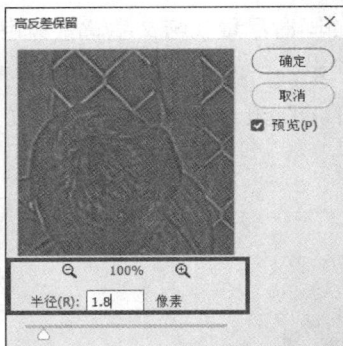

图2-60　"高反差保留"对话框

图2-61　设置高反差保留后的效果

（5）在"图层"面板中设置"混合模式"为"强光"，效果如图2-62所示。

图2-62　设置混合模式为"强光"后的效果

（6）在"图层"面板中单击"创建新的填充或调整图层"按钮，在弹出的菜单中选择"曲线"命令，打开"曲线"属性面板，向右拖动阴影控制点，向左拖动高光控制点，如图2-63所示。

（7）至此，本次课堂实操完成，效果如图2-64所示。

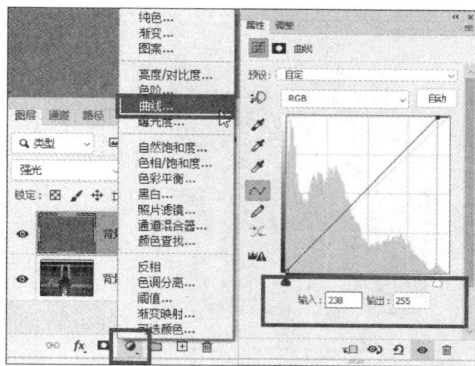

图2-63　调整曲线属性

图2-64　最终效果

> **实践经验**　对于一般的模糊图像，只要执行菜单栏中"滤镜/锐化/锐化"命令或执行菜单栏中"滤镜/锐化/USM锐化"命令，在弹出的对话框中根据预览效果进行参数调整，即可将图像调整清晰。

活动3　掌握美化模特皮肤的方法

在为服装拍摄照片时，往往会找适合当前服装的模特进行拍摄，但是有时会因为光线或摄像师对相机不熟悉而造成模特皮肤不够好，从而间接影响服装的展示效果。再美的服装也需要模特来衬托，漂亮的模特会大大提升服装的展示效果，一张漂亮的模特照片可以让网页的美感大大增强。

课堂实操——通过历史记录画笔工具对模特的皮肤进行磨皮

本次课堂实操主要讲解为图像中服装模特皮肤区域进行磨皮的方法，具体操作如下。

（1）启动Photoshop软件，打开一张服装模特照片，如图2-65所示。

图2-65　素材

（2）选择污点修复画笔工具 ，在属性栏中设置"模式"为"正常"、"类型"为"内容识别"，在模特脸上雀斑较大的位置单击，对其进行初步修复，如图2-66所示。

（3）执行菜单栏中"滤镜/模糊/高斯模糊"命令，打开"高斯模糊"对话框，设置"半径"为"7"像素，如图2-67所示。

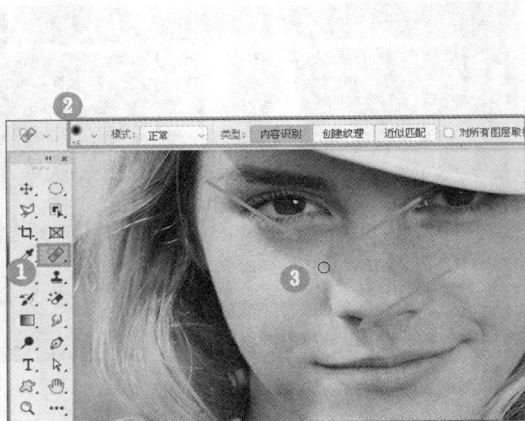

图2-66　使用污点修复画笔工具

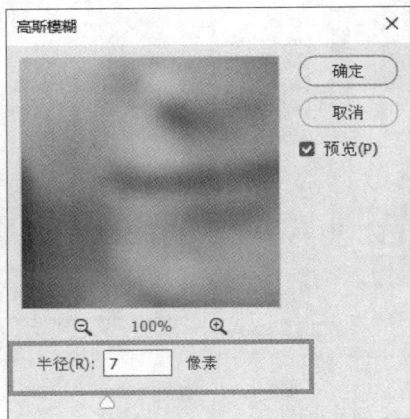

图2-67　"高斯模糊"对话框

（4）设置完毕后单击"确定"按钮，效果如图2-68所示。

（5）选择历史记录画笔工具 ，在属性栏中设置"不透明度"为"29%"、"流量"为"29%"，执行菜单栏中"窗口/历史记录"命令，打开"历史记录"面板，使用历史记录画笔工具 在模特的面部需要美容的位置进行涂抹，如图2-69所示。

图2-68　模糊后的效果

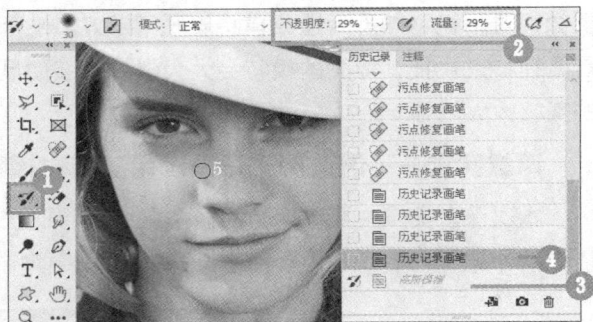

图2-69　设置历史记录源

> **实践经验**　在使用历史记录画笔工具 恢复某个步骤时，将"不透明度"与"流量"设置得小一些可以避免出现较生硬的效果，还可以在同一处进行多次的涂抹修复，这样做不会对图像造成太大的破坏。

（6）使用历史记录画笔工具 在同一位置进行多次涂抹，恢复过程如图2-70所示。

（7）在模特的皮肤上精心涂抹，直到满意为止。最终效果如图2-71所示。

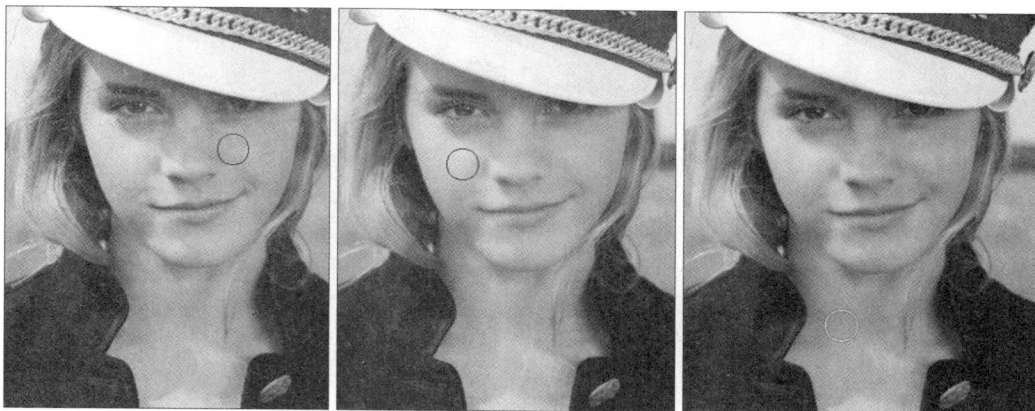

图2-70 恢复过程

图2-71 最终效果

> 实践经验
>
> 　　在对模特皮肤进行美化时，可以通过"色阶"调整命令或使用减淡工具直接在皮肤上涂抹，快速将皮肤美化。

综合实战——制作老照片效果

实战训练要求

1. 对图像应用"色阶"调整命令增加对比度。
2. 应用"渐变映射"调整色调。
3. 设置"混合模式"为"正片叠底"，并应用"颗粒"滤镜。
4. 使用画笔工具编辑图层蒙版，在图层蒙版中应用"纤维"滤镜和"添加杂色"滤镜。
5. 创建"黑白"调整图层。

实战素材

素材文件：素材\项目2\小朋友背影，如图2-72所示。

图2-72　实战素材

任务单

项目编号	2	项目名称	综合实战——制作老照片效果
时间		地点	

目的：
制作老照片效果。

课堂实践：
创建调整图层、应用滤镜，完成老照片效果的制作。

考核标准：
1. 主题明确，调整对比度和色调。10分
2. 设置"混合模式"为"正片叠底"，并应用"颗粒"滤镜。10分
3. 创建图层蒙版，使用画笔工具编辑图层蒙版。10分
4. 在图层蒙版中应用"纤维"滤镜和"添加杂色"滤镜。10分
5. 创建"黑白"调整图层。10分

内容可粘贴：

评价	
评分：	指导教师签字：

实战效果图

效果文件：源文件\项目2\综合实战——制作老照片效果，如图2-73所示。

图2-73　老照片效果

课后习题

一、选择题

1. （　　　）是打开"色阶"对话框的组合键。

    A. "Ctrl+L"   B. "Ctrl+ U"

    C. "Ctrl+A"   D. "Shift+Ctrl+L"

2. （　　　）是打开"色相/饱和度"对话框的组合键。

    A. "Ctrl+L"   B. "Ctrl+U"

    C. "Ctrl+B"   D. "Shift+Ctrl+U"

二、填空题

1. 为图像去色的组合键是_____。

2. 可以得到底片效果的命令是_____。

项目3
掌握网页中处理图像时的抠图技巧

职场情境

抠图是网页设计图像处理环节中不可避免的一项操作，无论是为单一的图像替换背景，还是为一系列的图像统一背景，都需要对图像进行抠图。如果是制作网页中图像的合成广告，就更少不了抠图。为此，小艾想使用比较专业的软件对图片进行抠图处理，而同事凯程告诉她，Photoshop具有非常专业的抠图功能，包含规则形状抠图、简单背景抠图、复杂图像抠图、毛发抠图和半透明图像抠图等。

读者可以在本项目中了解使用各种抠图方法将图像进行背景替换，使图像更加突出，极大地吸引买家的注意力，从而间接地增加销量。图3-1所示为更换背景前后的对比。

图3-1　更换背景前后的对比

学习目标

- ◇ 掌握在制作网页前为图像抠图的方法。
- ◇ 掌握为人物毛发进行抠图的方法。
- ◇ 掌握为半透明图像进行抠图的方法。
- ◇ 在学习为图像进行抠图时，充分了解动手操作的重要性。

任务1   掌握规则形状抠图的方法

想将图片的某部分内容移到自己喜欢的背景中，就要掌握抠图操作。进行规则形状抠图时，常用的工具是矩形选框工具 和椭圆选框工具 。

活动1   掌握矩形抠图的方法

矩形抠图首先要进行选区的创建，在Photoshop中常用来创建矩形选区的工具为矩形选框工具 。选择矩形选框工具 ，在图像中按住鼠标左键向对角拖动，松开鼠标左键即可创建矩形选区，如图3-2所示。

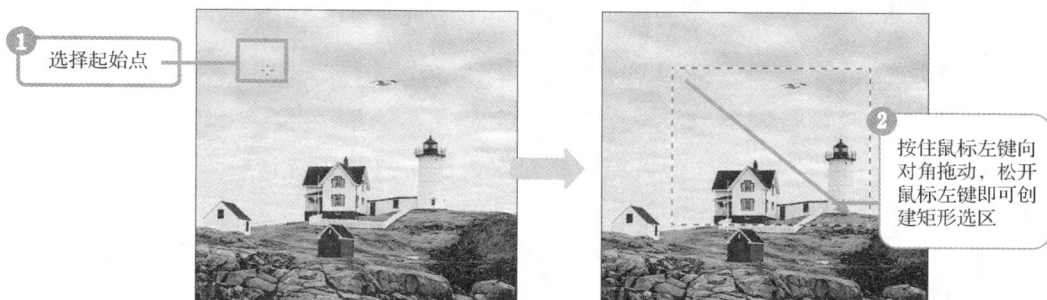

❶ 选择起始点

❷ 按住鼠标左键向对角拖动，松开鼠标左键即可创建矩形选区

图3-2   创建矩形选区

活动2   掌握椭圆抠图的方法

椭圆抠图首先要进行选区的创建，在Photoshop中常用来创建椭圆选区的工具为椭圆选框工具 ，其使用方法与矩形选框工具 的使用方法类似，如图3-3所示。椭圆选区创建完毕后，将选区内的图像拖曳到新文档中即可完成抠图。

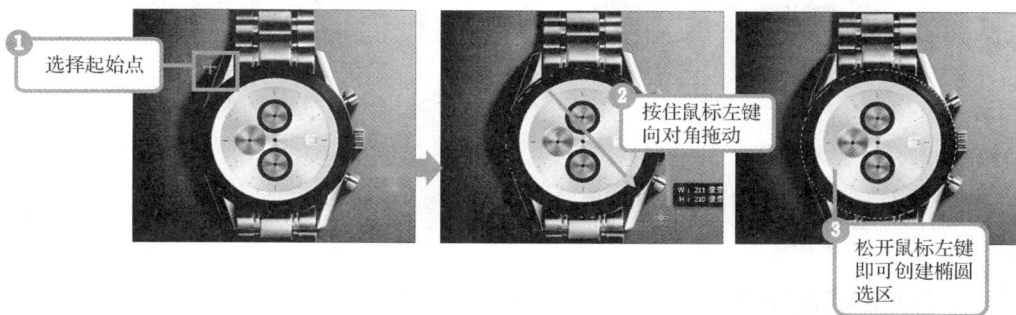

❶ 选择起始点

❷ 按住鼠标左键向对角拖动

❸ 松开鼠标左键即可创建椭圆选区

图3-3   创建椭圆选区

> **实践经验**　绘制矩形选区的同时按住"Shift"键，可以绘制出正方形选区。绘制椭圆选区的同时按住"Shift"键，可以绘制出圆形选区。选择起始点后，按住"Alt"键可以以起始点为中心向外创建椭圆选区；选择起始点后，按住"Alt+Shift"组合键可以以起始点为中心向外创建圆形选区。

课堂实操——通过矩形选区替换图片背景

矩形选框工具▦主要应用在对选区要求不太严格的图像中，如手机、平板电脑、书籍等抠图对象，具体的抠图方法如下。

（1）启动Photoshop软件，打开配套资源"素材\项目3\pad2和pad2背景"，如图3-4所示。

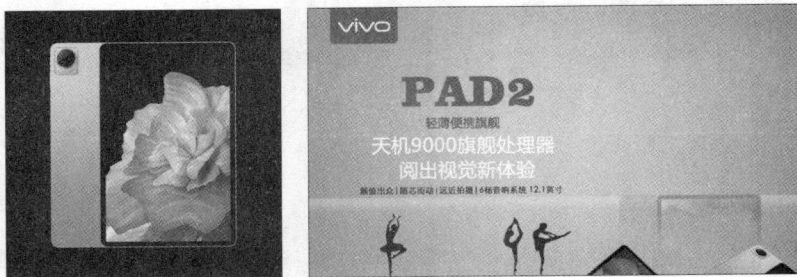

图3-4　打开的素材

（2）选择"pad2"素材作为当前编辑对象，在工具箱中选择矩形选框工具▦，在"pad2"中创建选区，如图3-5所示。

（3）执行菜单栏中"选择/修改/平滑"命令，打开"平滑选区"对话框，设置"取样半径"为15像素，如图3-6所示，单击"确定"按钮。

图3-5　创建选区

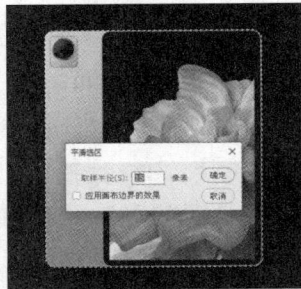

图3-6　"平滑选区"对话框

（4）执行菜单栏中"选择/修改/羽化"命令，打开"羽化选区"对话框，设置"羽化半径"为1像素，如图3-7所示，单击"确定"按钮。

（5）使用移动工具➤将选区内的图像拖动到"pad2背景"素材中，调整图像大小完成背景替换，效果如图3-8所示。

图3-7　"羽化选区"对话框

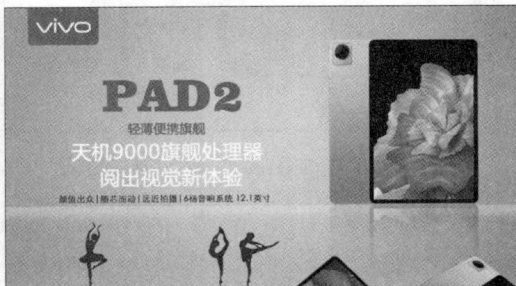

图3-8　替换背景效果

通过矩形选框工具 ⬚ 或椭圆选框工具 ◯ 创建选区后抠图，如果不进行羽化半径的设置，会导致图像边缘与背景融合不协调，羽化半径设置得过小或过大，都会导致图像变得不自然。图3-9所示分别为羽化半径设置为0像素、30像素、60像素和120像素时替换背景的结果。使用矩形工具 ▣ 创建路径后，在"属性"面板中设置圆角值，按"Ctrl+Enter"组合键将路径转换为选区，如图3-10所示，此时可以替换背景。

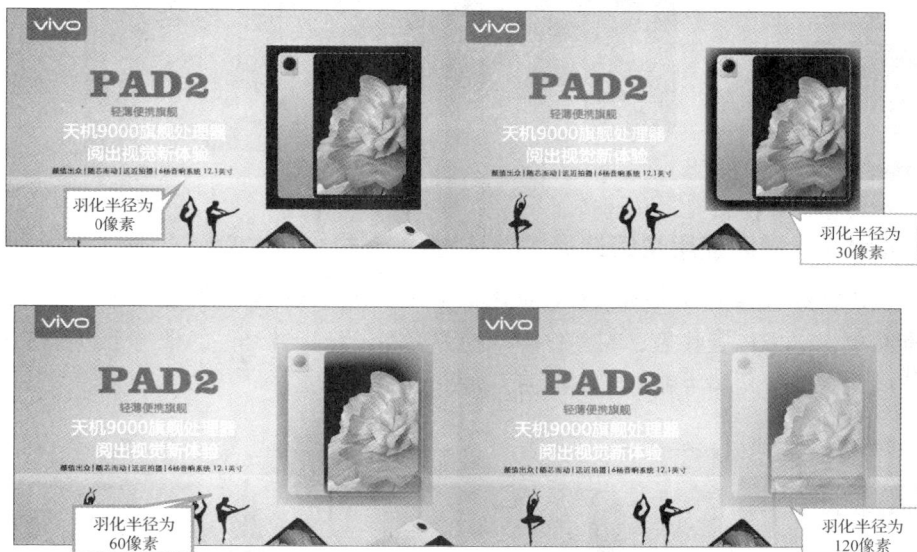

图3-9　使用不同羽化半径替换背景的结果

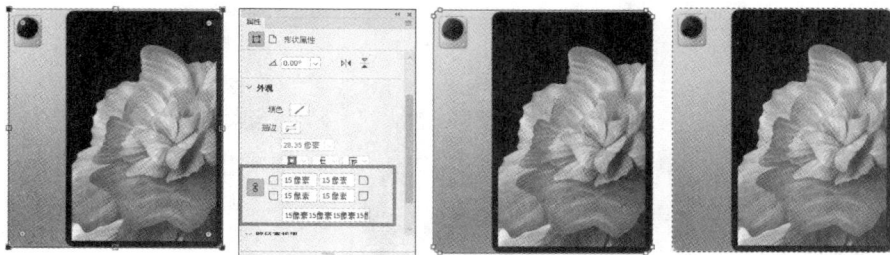

图3-10　创建路径并转换为选区

任务2　掌握简单背景抠图的方法

对拍摄的照片进行抠图时，如果背景颜色是单色，可以使用魔术橡皮擦工具 🧽、快速选择工具 🖌、对象选择工具 🔳 和魔棒工具 🪄，以上4种工具可以通过智能运算的方式进行图像区域的选取。

活动1　掌握使用魔术橡皮擦工具抠图的方法

使用魔术橡皮擦工具 🧽 可以快速去掉图片的背景。该工具的使用方法非常简单，选择该

工具后，选择要清除的颜色范围，单击即可清除，删除背景颜色后的图片可以直接放到新背景图片中，如图3-11所示。

图3-11　使用魔术橡皮擦工具抠图

活动2　掌握使用快速选择工具抠图的方法

使用快速选择工具 [图] 可以快速在图像中对需要选取的部分建立选区。该工具的使用方法非常简单，选择该工具后，在图像中拖动即可将鼠标指针经过的地方创建为选区，将选区内的图像拖曳到新文档中即可完成抠图，如图3-12所示。

图3-12　使用快速选择工具抠图

活动3　掌握使用对象选择工具抠图的方法

使用对象选择工具 [图] 创建选区非常方便，在需要选取的对象附近大致创建一个选取范围，可以是矩形选区，也可以是不规则选区，松开鼠标左键后即可对需要的内容进行选择。选区创建完毕后，可以对其色相进行调整，如图3-13所示。

图3-13　使用对象选择工具创建选区

活动4　掌握使用魔棒工具抠图的方法

使用魔棒工具 能选取图像中颜色相同或相近的像素。通常情况下，使用魔棒工具 可以快速创建图像颜色相近像素的选区。创建选区的方法非常简单，选择该工具后，在图像中某个像素上单击，系统便会自动以该选取点为样本创建选区，反选选区后，可以移动图像到新背景中，如图3-14所示。

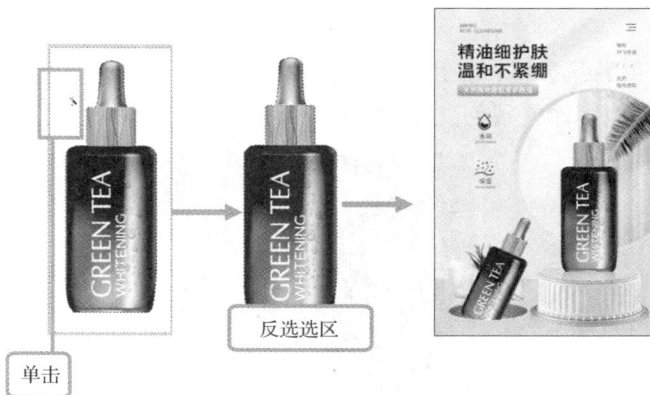

图3-14　使用魔棒工具替换背景

课堂实操——通过快速选择工具为图像更换背景

本次课堂实操的目的是快速为拍摄的羽绒服素材更换背景，将其作为网页中的一个图像广告宣传，具体的抠图方法如下。

（1）启动Photoshop软件，打开一张羽绒服素材图片，如图3-15所示。

（2）选择快速选择工具 ，在属性栏中设置"画笔直径"为88，在羽绒服上按住鼠标左键并拖动创建选区，如图3-16所示。

图3-15　打开素材

图3-16　创建选区

选择工具

（3）创建完整的选区如图3-17所示。

图3-17　创建完整的选区

（4）打开羽绒服背景素材，使用移动工具 ⊕ 将羽绒服素材中的选区图像拖动到羽绒服背景素材中，复制副本，调整颜色，完成背景替换，如图3-18所示。

图3-18　抠图效果

任务3　掌握复杂图像抠图的方法

进行不规则形状抠图时，需要使用一些操作比较复杂的工具来完成，本任务主要介绍使用多边形套索工具 、磁性套索工具 和钢笔工具 抠图的方法。

活动1　掌握使用多边形套索工具抠图的方法

多边形套索工具 ![] 通常用来创建较为精确的选区。创建选区的方法非常简单，选择该工具后，在不同位置单击，两点以直线的形式连接，起点与终点重合时单击即可得到选区，如图3-19所示。

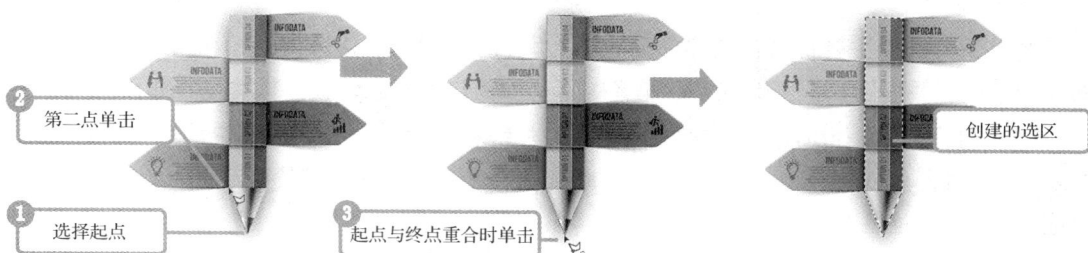

② 第二点单击

① 选择起点

③ 起点与终点重合时单击

创建的选区

图3-19　使用多边形套索工具创建选区

实践经验　使用多边形套索工具 ![] 创建选区时，按住"Shift"键可沿水平、垂直或45°的方向绘制选区；在终点没有与起点重合时，双击或按住"Ctrl"键的同时单击可创建封闭选区。

活动2　掌握使用磁性套索工具抠图的方法

磁性套索工具 ![] 可以在图像中自动捕捉具有反差颜色的图像边缘，并以此创建选区，此工具常用在背景复杂但边缘对比较强烈的图像中。创建选区的方法也非常简单，选择该工具后，在图像中选择起点，沿边缘拖动，当终点与起点重合时单击即可自动创建选区，如图3-20所示。

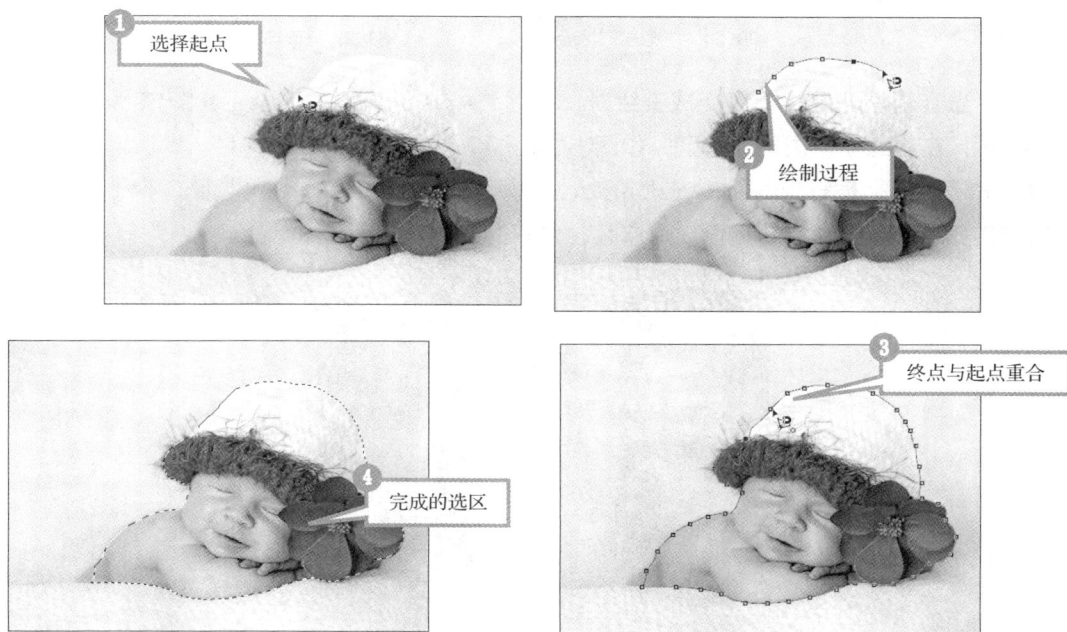

① 选择起点

② 绘制过程

④ 完成的选区

③ 终点与起点重合

图3-20　使用磁性套索工具创建选区

> **实践经验** 使用磁性套索工具 ⚟ 创建选区时，单击可以创建矩形标记点，以确定精确的选区；按"Delete"键或"Backspace"键，可按照顺序撤销矩形标记点；按"Esc"键可消除未完成的选区。

课堂实操——通过多边形套索工具与磁性套索工具的结合为图像抠图

本次课堂实操主要讲解使用多边形套索工具 ⚟ 和磁性套索工具 ⚟ 相结合的方法为产品图片创建选区并抠图，这里选取了一个音响素材作为操作对象，具体操作过程如下。

（1）打开"音箱.jpg"素材文件，选择磁性套索工具 ⚟，在属性栏中设置"羽化"为1像素、"宽度"为10像素、"对比度"为15%、"频率"为57，在音箱左下角的位置单击创建选区起始点，如图3-21所示。

（2）沿音箱边缘拖动鼠标，此时会发现磁性套索工具 ⚟ 会在音箱边缘创建锚点，如图3-22所示。

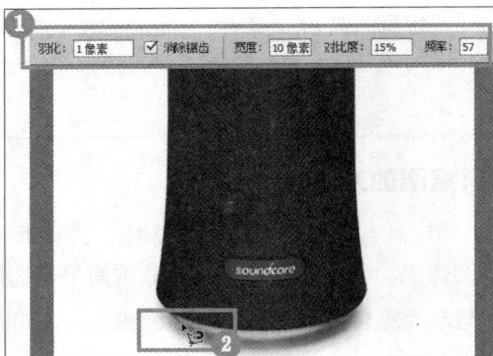

图3-21　创建选区起始点　　　　　图3-22　在音箱边缘创建锚点

（3）当音箱左部区域边缘变成直线时，按住"Alt"键将磁性套索工具 ⚟ 变为多边形套索工具 ⚟，在边缘处单击创建选区，如图3-23所示。

（4）移动鼠标指针到音箱的左上角处，边缘变成圆角后松开"Alt"键，将工具恢复成磁性套索工具 ⚟，继续拖动鼠标创建选区，如图3-24所示。

图3-23　变为多边形套索工具　　　　图3-24　恢复成磁性套索工具

（5）在直线处按住"Alt"键，将磁性套索工具 [P] 变为多边形套索工具 [V]，到圆角处松开"Alt"键，再将工具变为磁性套索工具 [P]，当起点与终点重合时单击即可创建选区，如图3-25所示。

（6）此时使用移动工具 [+] 即可将选区内的图像进行移动，如图3-26所示。

（7）打开一张背景图，将抠取的素材拖曳到新素材中合适的位置，效果如图3-27所示。

图3-25　创建选区　　　图3-26　使用移动工具移动图像　　　图3-27　拖曳素材到新素材中

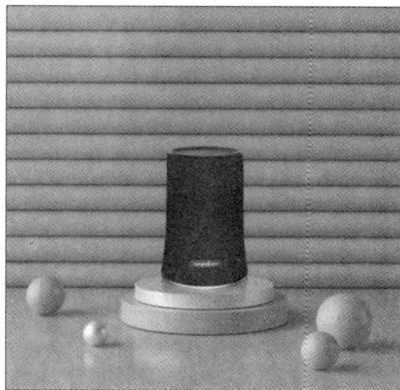

活动3　掌握使用钢笔工具抠图的方法

使用钢笔工具 [钢笔] 可以精确地绘制直线或光滑的曲线，还可以创建形状图层。

该工具的使用方法也非常简单，在页面中选择一个点单击，再移动到下一个点单击，就会在两点之间创建直线路径；按住鼠标左键并拖动会创建曲线路径；按"Enter"键会生成不封闭的路径；在绘制路径的过程中，当起点的锚点与终点的锚点重合时，鼠标指针会变成 [锚] 形状，此时单击，系统会将该路径创建成封闭路径。

1．创建路径

使用钢笔工具 [钢笔] 可以绘制直线路径、曲线路径和封闭路径。选择钢笔工具 [钢笔] 后，在页面中选择起点后单击，移动到另一点后再单击，会得到图3-28所示的直线路径；选择钢笔工具 [钢笔] 后，在页面中选择起点后单击，移动到另一点后按住鼠标左键并拖动，会得到图3-29所示的曲线路径；在页面中选择起点后单击，移动到另一点后按住鼠标左键并拖动，松开鼠标左键后，移动鼠标指针到起点后再单击，会得到图3-30所示的封闭路径。

图3-28　直线路径　　　　　　　　　　图3-29　曲线路径

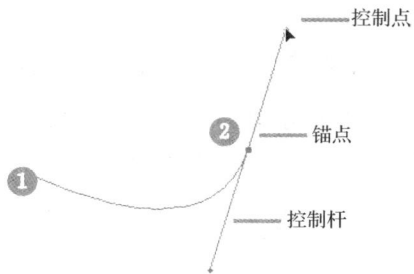

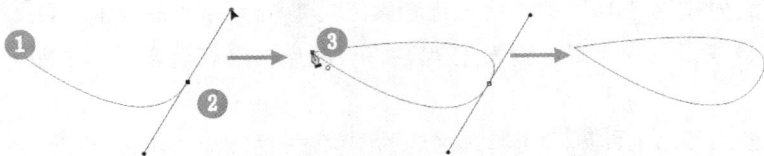

图3-30　封闭路径

2. 路径转换为选区

通过钢笔工具 ⊘创建的路径是不能直接进行抠图的，此时要将创建的路径转换为选区，就可以应用移动工具 ⊹ 将选区内的图像移动到新背景中完成抠图。在Photoshop中将路径转换为选区的方法很简单，可以直接按"Ctrl+Enter"组合键将路径转换为选区；也可以通过单击"路径"面板中的"将路径作为选区载入"按钮 ❀ 将路径转换为选区；如果是在Photoshop 2022中，还可以直接在属性栏中单击"建立选区"按钮 选区… 将路径转换为选区，如图3-31所示；或者在右键快捷菜单中执行"建立选区"命令将路径转换为选区。

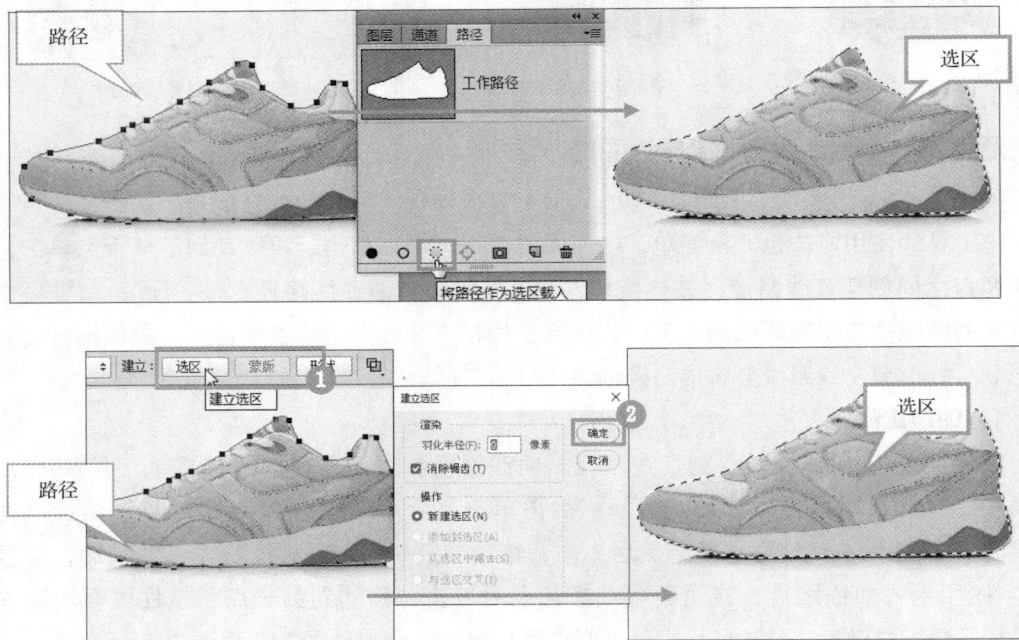

图3-31　将路径转换为选区

课堂实操——通过钢笔工具为女鞋抠图

本次课堂实操主要讲解使用钢笔工具 ⊘为复杂的女鞋进行抠图，在抠图的过程中需要了解钢笔工具 ⊘在实际操作中的使用技巧，具体操作过程如下。

（1）启动Photoshop打开一张拍摄的女鞋照片，如图3-32所示。

（2）选择钢笔工具 ⊘后，在属性栏中选择模式为"路径"，在女鞋边缘单击创建起点，沿边缘移动鼠标指针到另一点按住鼠标左键创建路径连线后，拖动鼠标将连线调整为曲线，如图3-33所示。

图3-32　女鞋照片

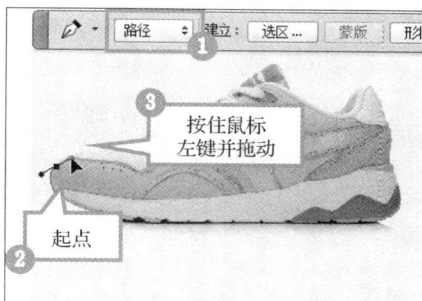

图3-33　创建并调整路径

（3）松开鼠标左键，将鼠标指针移动到锚点上，按住"Alt"键，此时鼠标指针右下角出现一个↖符号，单击将后面的控制点和控制杆消除，如图3-34所示。

图3-34　消除控制点和控制杆

实践经验

　　　在Photoshop中使用钢笔工具 沿图片边缘创建路径时，创建曲线后当前锚点会同时拥有曲线特性，创建下一点时，如果不按照上一个锚点的曲线方向进行创建，将会出现路径不能按照自己的意愿进行调整的局面，此时我们要先结合"Alt"键在曲线的锚点上单击以取消其曲线特性，再创建下一点的曲线就会非常容易，如图3-35所示。

没有取消锚点
的曲线特性

取消锚点的
曲线特性

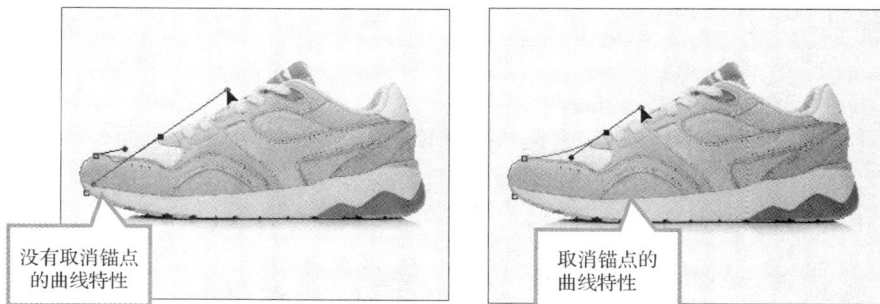

图3-35　取消锚点的曲线特性前后的效果

（4）到下一点按住鼠标左键并拖动，创建贴合图像的路径曲线，再按住"Alt"键在锚点上单击，如图3-36所示。

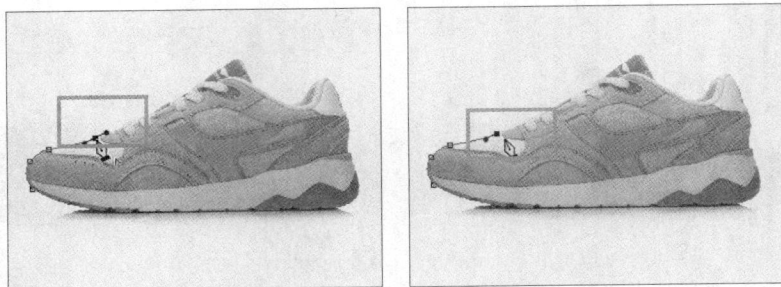

图3-36　创建路径并编辑

（5）使用同样的方法继续在鞋子边缘创建路径，如图3-37所示。

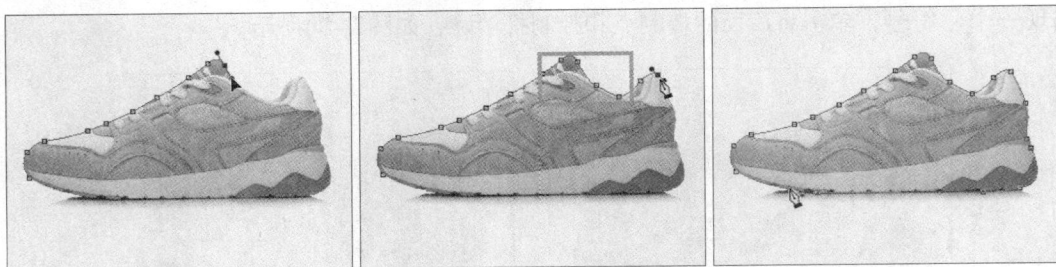

图3-37　继续创建路径

（6）当起点与终点重合时，鼠标指针右下角会出现一个圆圈符号，单击完成路径的创建，如图3-38所示。

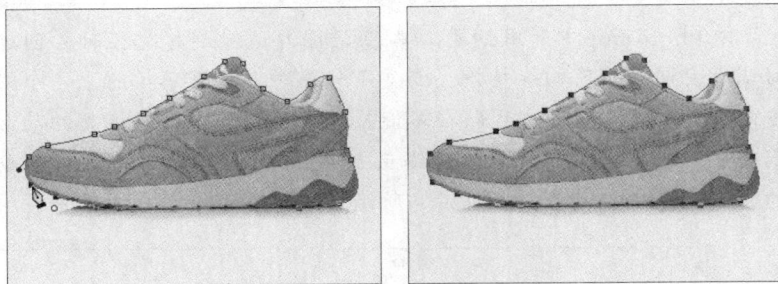

图3-38　创建路径完成

（7）按"Ctrl+Enter"组合键将路径转换为选区，如图3-39所示。

图3-39　将路径转换为选区

（8）打开一张背景图，将抠取的素材拖曳到新素材中合适的位置，效果如图3-40所示。

图3-40　最终效果

素养小课堂　　在为网页图像进行抠图处理时，要积极调动自己的动手操作能力，懂得把所学知识运用到实际操作中的重要性，懂得多学多练才是提升自身水平的最好途径，还要注意弘扬中华优秀传统文化。

任务4　掌握毛发抠图技巧

抠图时碰到人物的发丝或动物的毛发区域，如果使用多边形套索工具 ⟨图标⟩或钢笔工具 ⟨图标⟩进行抠图，会发现头发区域的背景抠不干净，如图3-41所示。

毛发处有白色背景

图3-41　毛发边缘有背景颜色

课堂实操——通过"选择并遮住"命令为卷发模特抠图

选区创建完毕后，可以通过"选择并遮住"命令修整发丝处的背景，具体操作过程如下。

（1）打开配套资源中的"素材\项目3\卷发.jpg"素材文件，使用快速选择工具 ⟨图标⟩在人物上创建一个选区，如图3-42所示。

（2）执行菜单栏中"选择/选择并遮住"命令，打开"选择并遮住"对话框，选择调整边缘画笔工具 ，在人物发丝边缘处按住鼠标左键并向外拖动，如图3-43所示。

图3-42　为素材创建选区

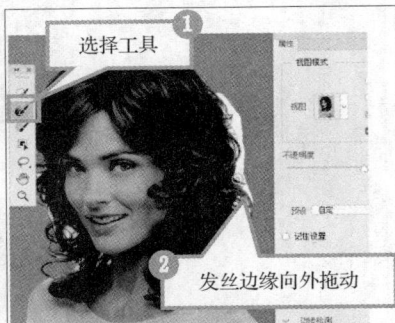

图3-43　编辑选区

（3）在发丝处按住鼠标左键细心涂抹，发现发丝边缘已经出现在视图中，如图3-44所示。

（4）涂抹后发现边缘处有多余的部分，按住"Alt"键在多余处拖动，将其复原，如图3-45所示。

图3-44　编辑发丝

图3-45　编辑选区

（5）设置完毕后单击"确定"按钮，调出编辑后的选区。打开一张背景图片，使用移动工具 将选区内的图像拖动到背景图片中，最终效果如图3-46所示。

图3-46　最终效果

任务5　掌握半透明图像抠图技巧

在Photoshop中，对半透明图像进行抠图可以在"通道"面板中完成。使用"通道"面板进行抠图时，通常需要结合一些工具进行操作。在操作完毕之后，必须要把编辑的通道转换为选区，才能通过移动工具 ![移动工具] 将选区内的图像拖动到新背景中完成抠图。对通道进行编辑时主要使用画笔工具 ![画笔工具]，通道中黑色部分为保护区域，白色区域为可编辑区域，灰色区域会创建半透明效果，效果如图3-47所示。

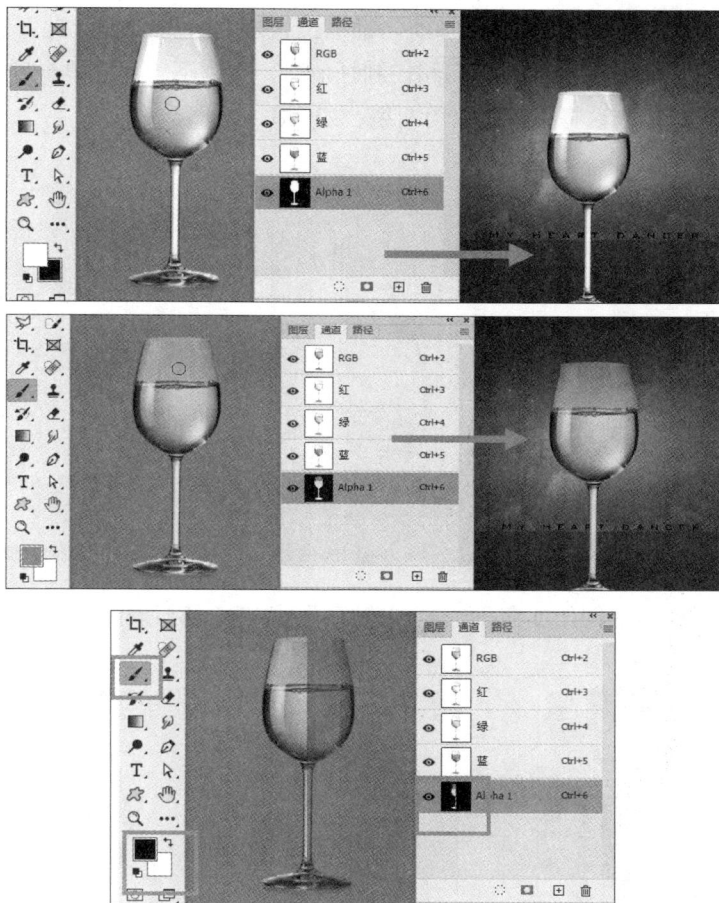

图3-47　编辑Alpha通道效果

默认状态时，使用黑色、白色以及灰色编辑通道，如表3-1所示。

实践经验

表3-1　使用黑色、白色以及灰色编辑通道

涂抹颜色	彩色通道显示状态	载入选区
黑色	添加通道覆盖区域	添加到选区
白色	从通道中减去	从选区中减去
灰色	创建半透明效果	产生的选区为半透明

课堂实操——通过通道为透明玻璃酒瓶抠图

本课堂实操主要讲解使用钢笔工具 🖊 为酒瓶创建路径，再在"通道"面板中为酒瓶玻璃部分进行半透明抠图，具体操作过程如下。

（1）启动Photoshop，打开一张拍摄的酒瓶照片，如图3-48所示。

（2）选择钢笔工具 🖊，在属性栏中选择"模式"为"路径"，在图像中瓶子边缘单击创建起点，沿边缘移动到另一点按住鼠标左键创建路径连线后，拖动鼠标将直线调整为曲线，如图3-49所示。

（3）松开鼠标左键，将鼠标指针移动到锚点上，按住"Alt"键，此时鼠标指针右下角出现一个 ⌐ 符号，单击将后面的控制点和控制杆消除，再到下一点处单击创建锚点，在曲线的区域按住鼠标左键并拖动将路径调整为曲线，如图3-50所示。

图3-48　素材　　　　图3-49　创建并调整路径　　　图3-50　调整路径为曲线

（4）使用同样的方法继续在瓶子边缘创建路径，如图3-51所示。

图3-51　继续创建路径

（5）当起点与终点重合时，鼠标指针右下角出现一个圆圈符号，单击完成路径的创建，如图3-52所示。

（6）按"Ctrl+Enter"组合键将路径转换为选区，如图3-53所示。

（7）在"通道"面板中单击"将选区存储为通道"按钮 🔲，如图3-54所示。

图3-52　创建路径完成　　　　　　　　　　　图3-53　将路径转换为选区

（8）选择Alpha1通道，将选区填充为"灰色"，此时选区变为半透明，如图3-55所示。

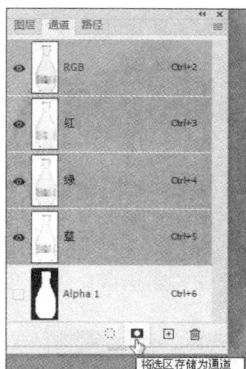

图3-54　单击"将选区存储为通道"按钮　　　　　图3-55　用灰色填充通道选区

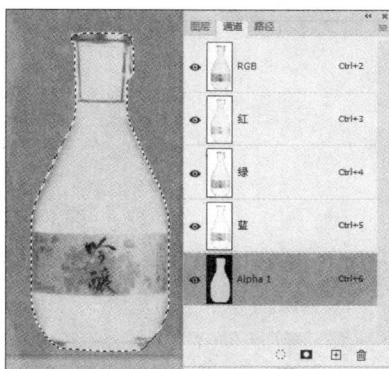

（9）将前景色设置为"白色"，使用画笔工具 在酒瓶上非透明区域进行涂抹，如图3-56所示。

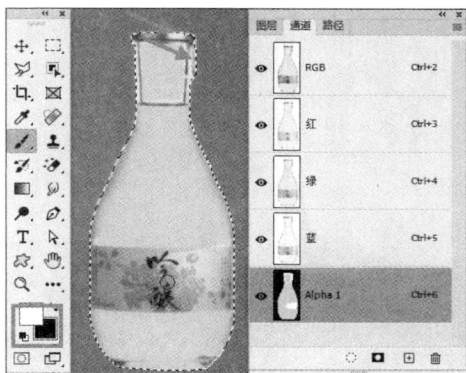

图3-56　使用画笔工具涂抹

（10）单击"将通道作为选区载入"按钮 ，重新载入选区，如图3-57所示。

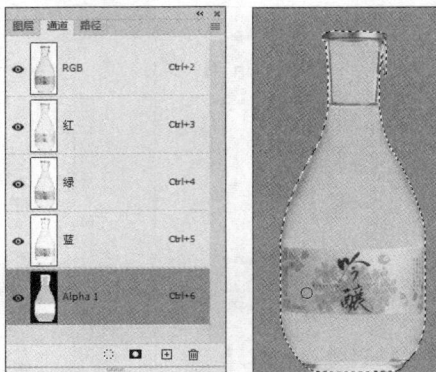

图3-57　重新载入选区

（11）打开一张背景素材，使用移动工具 将选区内的图像移动到新背景中，此时发现玻璃部分是半透明效果，如图3-58所示。

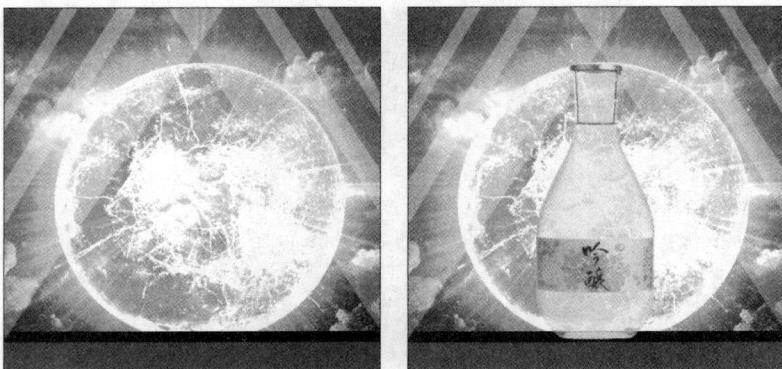

图3-58　移入新背景

（12）执行菜单栏中"图像/调整/色阶"命令，打开"色阶"对话框，具体设置如图3-59所示。

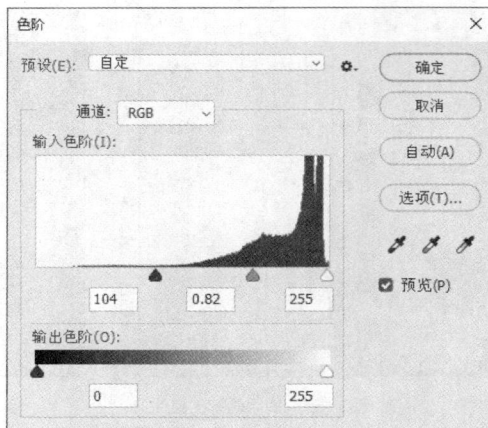

图3-59　"色阶"对话框

（13）设置完毕后单击"确定"按钮，此时发现酒瓶的对比度加强了，如图3-60所示。

（14）复制酒瓶并垂直翻转，调整位置得到倒影效果，如图3-61所示。

图3-60　对比度加强

图3-61　倒影效果

（15）输入产品的宣传文字和促销文字，为文字添加"外发光""光泽""描边"样式，增加视觉冲击力，最终效果如图3-62所示。

图3-62　最终效果

综合实战——设计与制作运动会网页

实战训练要求

1. 确定新建网页文档的大小。

2. 使用渐变工具填充渐变色。

3. 对提供的素材进行精细的抠图。

4. 绘制自定义形状图形。

5. 输入文字并进行左对齐排版。

实战素材

素材文件：素材\项目3\跳高、打篮球、运动小人，如图3-63所示。

图3-63　实战素材

任务单

项目编号	3		项目名称	综合实战——设计与制作运动会网页
时间			地点	

目的：
实践运动会网页设计与制作的一般流程。

课堂实践：
运动主题，可以通过多种方法进行抠图、设计与制作，完成一个运动会网页。

考核标准：
1. 主题明确，结构清晰，符合网页要求。10分
2. 色彩搭配和谐。10分
3. 图片抠图细致没有毛边。10分
4. 文字与图片版式设置平衡。10分
5. 整体效果呈现得体。10分

内容可粘贴：

评价

评分：　　　　　　　　　　　指导教师签字：

实战效果图

效果文件：源文件\项目3\综合实战——设计与制作运动会网页，如图3-64所示。

图3-64　网页效果图

课后习题

一、填空题

1. 使用磁性套索工具创建选区时，单击可以创建矩形标记点，以确定精确的选区；按"_____"键或"Backspace"键，可按照顺序撤销矩形标记点；按"Esc"键可消除未完成的选区。

2. 使用磁性套索工具进行抠图时，按住"_____"键后，会将磁性套索工具变为多边形套索工具。

3. 通过矩形选框工具或椭圆选框工具创建选区后抠图，如果不进行羽化设置，会出现图像边缘与背景融合不协调的效果，羽化设置得____或____都会出现不自然的效果。

二、选择题

1. 为毛发抠图时，可以使用"（　　）"命令。

　　A. 选择并遮住　　　B. 色相/饱和度　　　　C. 反选选区　　　　D. 羽化

2. 为不规则图像进行抠图时，（　　）会将边缘抠取得非常平滑。

　　A. 矩形选框工具　　B. 套索工具　　C. 钢笔工具　　　D. 魔棒工具

项目4
了解文字与图层

职场情境

在Photoshop中只要涉及文字和图像这两项内容就会用到图层，网页设计者通过图层可以更好地对文字和图像进行管理与编辑。为此，小艾想对图层进行更全面的学习，而同事凯程则告诉她，Photoshop不但能输入文字，还能对文字进行非常专业的编辑和排版，结合图层能够更好地在网页中发挥作用。

读者可以在本项目中了解各种文字与图层的使用和编辑方法，做好网页设计的基础工作，处理好的图像加上文字的点缀和说明，能让网页更加具有视觉冲击力。

学习目标

✧ 掌握Photoshop中文字的创建与编辑方法。

✧ 掌握Photoshop中编辑图层的方法。

✧ 掌握智能对象与图层样式的编辑方法。

✧ 掌握图层蒙版与操控变形的编辑方法。

✧ 在学习实践中培养边学边练的习惯，提升动手操作能力。

任务1　了解创建文字的工具

文字的主要功能是向观者传达创作者的意图和各种信息。因此，设计的文字应避免繁杂零乱，必须使人易认、易懂，切忌为了设计而设计，切记设计文字的根本目的是更好、更有效地传达创作者的意图，表达设计的主题和构想意图。在Photoshop中能够直接创建文字的工具有横排文字工具 T 和直排文字工具 IT。输入文字后，系统会自动在"图层"面板中创建一个文字图层。

活动1　了解横排文字工具

在Photoshop中使用横排文字工具 T 可以在水平方向上输入横排文字。

选择横排文字工具 T，移动鼠标指针到要输入文字的地方，单击会出现图标，此时输入所需要的文字即可，如图4-1所示。

① 移动鼠标指针　② 单击　③ 输入文字

图4-1　使用横排文字工具输入文字

> **实践经验**　文字输入完毕后，单击"提交所有当前编辑"按钮 ✓，或选择其他工具，即可完成文字的输入。

使用横排文字工具 T 输入文字后，属性栏会变成该工具对应的选项设置，如图4-2所示。

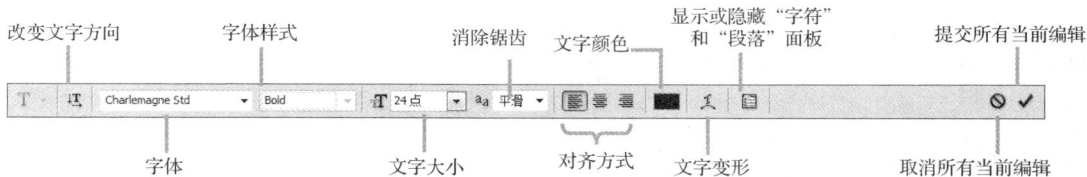

改变文字方向　字体样式　消除锯齿　文字颜色　显示或隐藏"字符"和"段落"面板　提交所有当前编辑

字体　文字大小　对齐方式　文字变形　取消所有当前编辑

图4-2　横排文字工具属性栏

其中各项的含义如下。

◇　改变文字方向：单击此按钮可以将输入的文字方向在水平与垂直之间进行转换，如图4-3所示。

输入文字时单击此按钮可以更改

图4-3　改变文字方向

◇　字体：用来设置输入文字的字体，单击下拉按钮，可以在下拉列表中选择文字的字体。

◇　字体样式：选择不同字体时，会在"字体样式"下拉列表中出现该字体对应的字体样式，例如选择Arial字体时，"字体样式"列表中就会包含4种该字体所对应的样式，如图4-4所示。选择不同样式时输入的文字会有所不同，如图4-5所示。

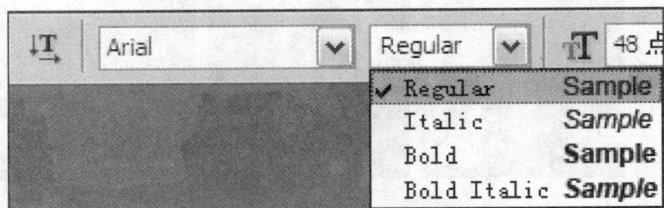

图4-4　字体样式

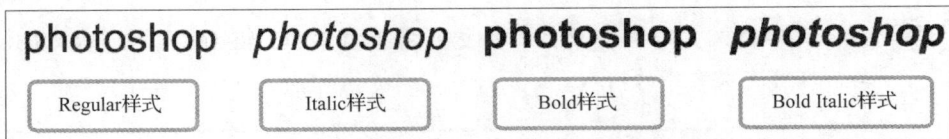

photoshop　　*photoshop*　　**photoshop**　　***photoshop***

| Regular样式 | Italic样式 | Bold样式 | Bold Italic样式 |

图4-5　Arial字体的4种样式

实践经验

不是所有的字体都存在字体样式。

◇　文字大小：用来设置输入文字的大小，可以在下拉列表中选择，也可以直接在文本框中输入具体的数值。

◇　消除锯齿：通过部分填充边缘像素产生边缘平滑的文字。其下拉列表中包含5个选项，如图4-6所示。该设置只会针对当前输入的全部文字，不能对单个字符起作用，输入文字后分别选择不同样式后的效果如图4-7所示。

图4-6 消除锯齿选项

图4-7 消除锯齿的5种样式效果

◇ **对齐方式**：用来设置输入文字的对齐方式，包括左对齐、水平居中对齐和右对齐3种，如图4-8所示。

图4-8 3种对齐方式

◇ **文字颜色**：用来设置输入文字的颜色。

◇ **文字变形**：输入文字后单击该按钮，可以在弹出的"文字变形"对话框中对输入的文字进行变形设置。

◇ **显示或隐藏"字符"和"段落"面板**：单击该按钮即可将"字符"和"段落"面板进行显示或隐藏，图4-9所示为"字符"面板，图4-10所示为"段落"面板。

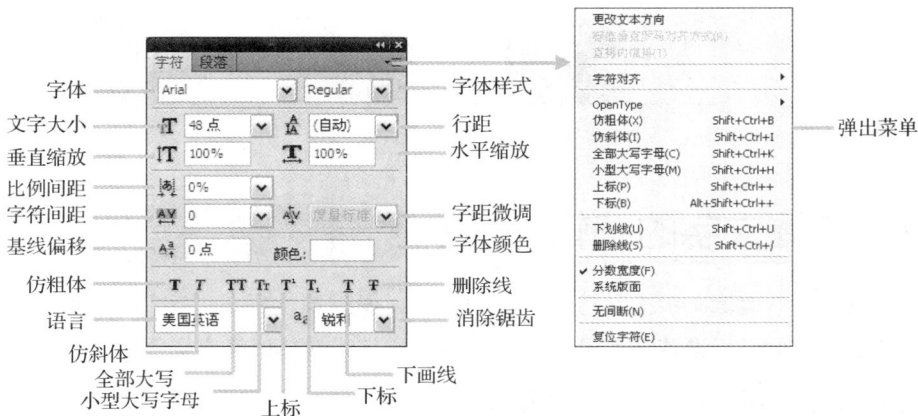

图4-9 "字符"面板

文本右对齐　　　　最后一行左对齐　　最后一行居中对齐

文本居中对齐　　　　　　　　　　　最后一行右对齐

文本左对齐　　　　　　　　　　　　最后一行两端对齐

左缩进　　　　　　　　　　　　　　右缩进
首行缩进
段落前加空格　　　　　　　　　　　段落后加空格

　　　　　　　　　　　　　　　　　弹出菜单

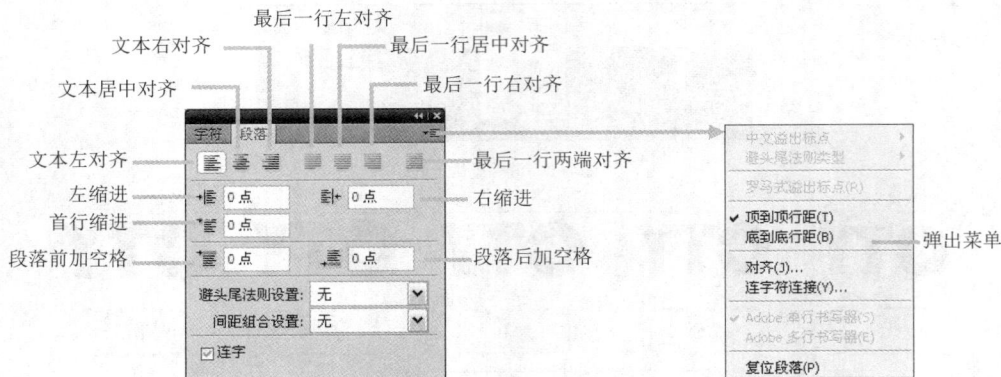

图4-10　"段落"面板

◇ 取消所有当前编辑：将正处于编辑状态的文字还原。

◇ 提交所有当前编辑：让正处于编辑状态的文字应用编辑效果。

> **实践经验**　　"取消所有当前编辑"按钮与"提交所有当前编辑"按钮只在文字编辑状态下才显示出来。

活动2　了解直排文字工具

在Photoshop中使用直排文字工具 IT 可以在垂直方向上输入竖排文字，该工具的使用方法与横排文字工具 T 相同，属性栏的设置也是相同的，具体输入方法如图4-11所示。

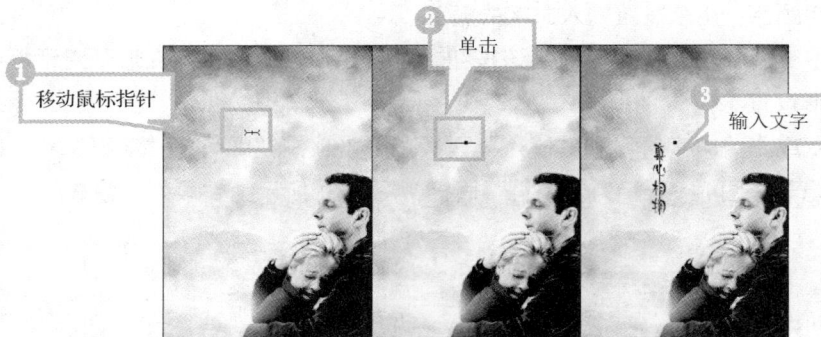

① 移动鼠标指针　　② 单击　　③ 输入文字

图4-11　使用直排文字工具输入文字

任务2　掌握文字的编辑

在Photoshop中编辑文字指对已经创建的文字，通过属性栏、"字符"面板、"段落"面板或"文字"菜单进行设置，如设置行距、缩放、基线偏移以及变形等。

活动1　掌握对已建文本的基础编辑

属性栏中针对文字的设置已经讲过了，本任务主要讲解"字符"面板中关于文字的一些基础编辑。

✧ 比例间距。

比例间距是指按百分比值压缩字符周围的空间。比例间距数值越大，字符间越紧密。比例间距取值范围是0%～100%。输入文字后，在"字符"面板中打开比例间距右边的下拉列表，选择比例间距为"90%"，此时字符周围的空间会缩紧，如图4-12所示。

图4-12 设置比例间距前后的对比

要想使设置比例间距的选项出现在"字符"面板中，就必须在"首选项"对话框的"文字"选项中选择"显示亚洲字体"选项。

✧ 字符间距。

字符间距指放宽或收紧字符之间的距离。输入文字后在"字符"面板中分别选择"-100"和"200"，得到的效果如图4-13所示。

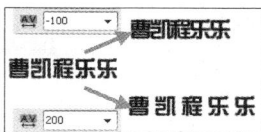

图4-13 设置不同的字符间距

✧ 字距微调。

字距微调是增加或减少特定字符对之间的距离。"字距微调"下拉列表中包含3个选项：度量标准、视觉和0。这3个选项显示的效果如图4-14所示。

图4-14 不同的字距微调显示的效果

✧ 水平缩放与垂直缩放。

水平缩放与垂直缩放用来设置输入文字在垂直或水平方向上的缩放比例，原图、垂直缩放为300%的效果和水平缩放为300%的效果如图4-15所示。

图4-15 原图、垂直缩放和水平缩放显示的效果

◇　基线偏移。

基线偏移可以使选中的字符相对于基线进行上升或下降。输入文字后，选择其中一个文字，如图4-16所示；设置基线偏移为"10"和"-10"，得到的效果如图4-17和图4-18所示。

图4-16　选择文字　　　图4-17　基线偏移为10　　　图4-18　基线偏移为-10

◇　文字行距。

文字行距指的是文字基线与下一行基线之间的垂直距离。输入文字后，在"字符"面板中的文字行距文本框中输入相应的数值会使垂直文字之间的距离发生改变，如图4-19和图4-20所示。

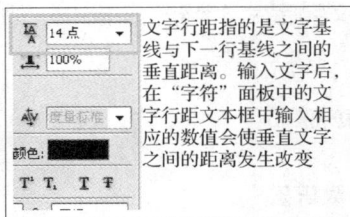　　　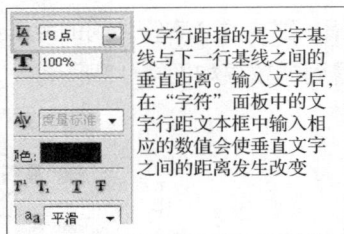

图4-19　文字行距为14时的效果　　　图4-20　文字行距为18时的效果

◇　字符样式。

字符样式指的是输入字符的显示状态，单击不同按钮输入的字符会显示不同的样式效果，包括仿粗体、仿斜体、全部大写字母、小型大写字母、上标、下标、下画线和删除线。图4-21～图4-24所示分别为原图和应用斜体、上标和下画线的效果。

图4-21　原图　　　图4-22　斜体　　　图4-23　上标　　　图4-24　下画线

活动2　掌握文字变形的方法

在Photoshop中通过"文字变形"命令可以对输入的文字进行艺术变形，使文字更加具有观赏性，变形后的文字仍然具有文字所具有的特性。

直接单击"文字变形"按钮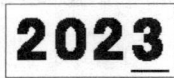，或者执行菜单栏中"文字/文字变形"命令，打开"变形文字"对话框，如图4-25所示。

输入文字后，分别对输入的文字应用"扇形""凸起"和"挤压"样式，并选中"水平"单选项，分别设置"弯曲"为50%、"水平扭曲"和"垂直扭曲"为0%，会得到图4-26所示3种的效果。

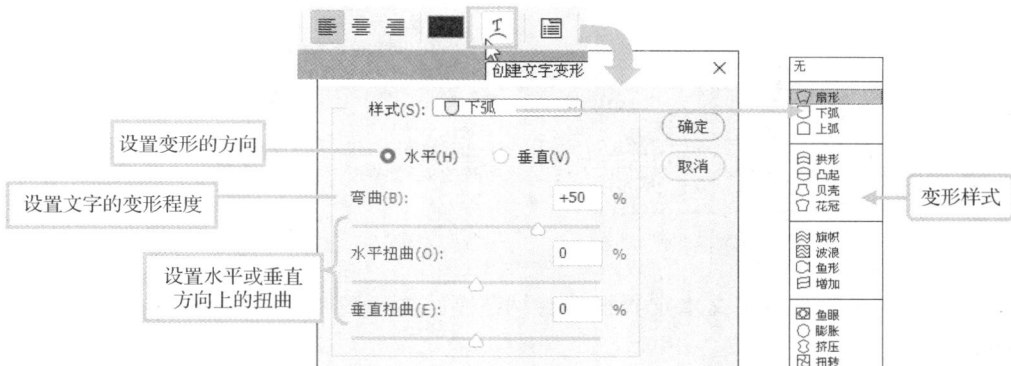

图4-25 "变形文字"对话框

设置变形的方向

设置文字的变形程度

设置水平或垂直
方向上的扭曲

变形样式

扇形　　　　　　　凸起　　　　　　　挤压

图4-26 3种不同的文字变形

任务3　掌握段落文字的创建

在Photoshop中使用文字工具不但可以创建点文字，还可以创建大段的段落文本。在创建段落文本时，文字基于文本定界框的尺寸自动换行。

课堂实操——通过文字工具创建段落文本

在Photoshop中创建段落文本的方法如下。

（1）第1种方法：选择横排文字工具 T ，在页面中相应的位置按住鼠标左键并向右下方拖动，如图4-27所示。松开鼠标左键会出现文本定界框，如图4-28所示，此时输入的文字就会出现在文本定界框内。

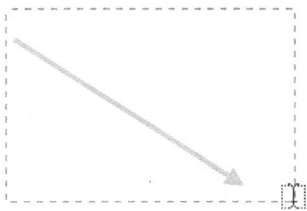

图4-27 拖动

图4-28 文本定界框

（2）第2种方法：按住"Alt"键在页面中拖动或者单击，会出现图4-29所示的"段落文字大小"对话框，设置"高度"与"宽度"后，单击"确定"按钮，可以设置更加精确的文本定界框；输入所需的文字，如图4-30所示。

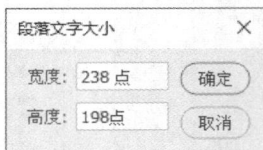

图4-29 "段落文字大小"对话框

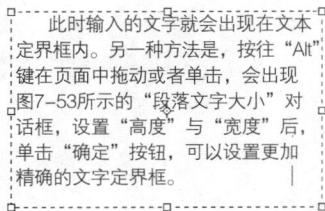

图4-30 输入文字

如果输入的文字超出了文本定界框的容纳范围，右下角就会出现超出范围的图标，如图4-31所示。

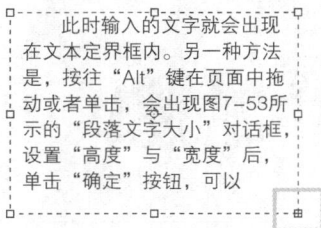

图4-31 超出文本定界框的容纳范围

任务4 认识图层

对图层进行操作是Photoshop中比较频繁的一项工作。建立图层，然后在各个图层中分别编辑图像中的各个元素，可以产生既富有层次，又彼此关联的整体图像效果。

活动1 认识图层的原理

图层与图层之间并不完全等于白纸与白纸的重合。透过图层中透明或半透明区域，可以看到下一图层相应区域的内容，如图4-32所示。

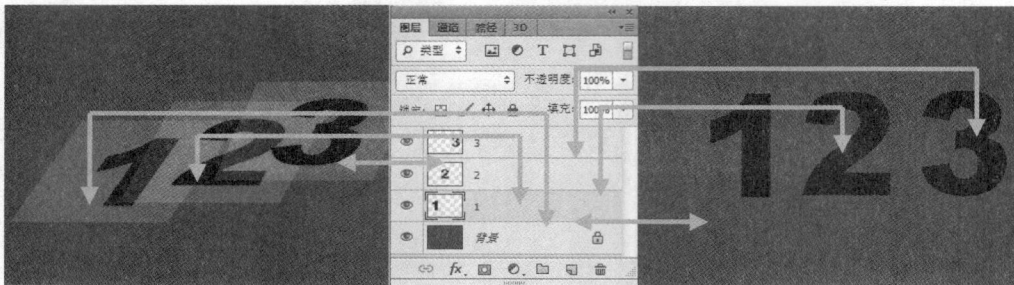

图4-32 图层的原理

活动2 认识"图层"面板

每一个图层都是由许多像素组成的，而图层又通过上下叠加的方式组成整个图像。例如，每一个图层好似是一块透明的"玻璃"，而图层内容就画在这些"玻璃"上，如果"玻璃"上什么都没有，就是个完全透明的空图层，当每个"玻璃"都有图像时，将其叠加在一起自上而下观看所有图层，从而形成图像显示效果。对图层的编辑可以通过菜单栏或"图层"面板来完成。"图层"被存放在"图层"面板中，包含当前图层、文字图层、背景图层、智能对象图层等。执行菜单栏中"窗口/图层"命令，即可打开"图层"面板。"图层"面板中所包含的内容如图4-33所示。

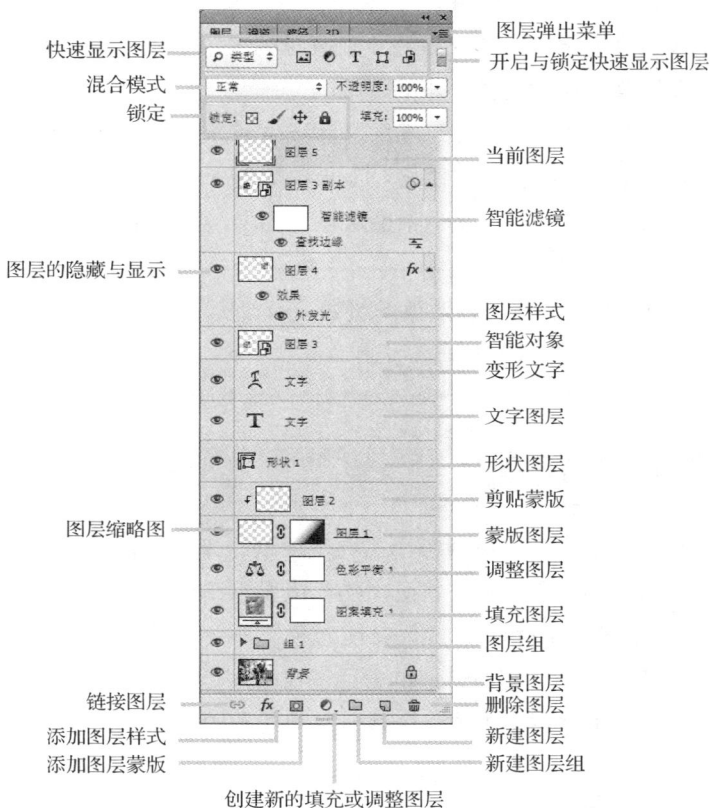

图4-33 "图层"面板

部分项的含义如下。

◇ 图层弹出菜单：单击此按钮可弹出"图层"面板的编辑菜单。

◇ 快速显示图层：用来对多图层文档中的特色图层进行快速显示，其下拉列表中包含"类型""名称""效果""模式""属性""颜色"选项。在选择某个选项时，右侧会出现对应的选项，例如选择"类型"时，右侧会出现显示调整图层内容、显示文字图层、显示路径等功能选项。

◇ 开启与锁定快速显示图层：滑块位于上方时会激活快速显示图层功能，滑块位于下方时会关闭此功能，使面板恢复旧版本"图层"面板的功能。

◇ 混合模式：用来设置当前图层的图像与下面图层的图像的混合效果。

◇ 不透明度：用来设置当前图层的透明程度。

◇ 锁定：包含锁定透明像素、锁定图像像素、锁定位置和锁定全部等功能选项。

◇　图层的隐藏与显示：可将图层在隐藏与显示之间转换。

◇　图层缩略图：用来显示"图层"面板中可以编辑的各种图层。

◇　链接图层：可以将选中的多个图层进行链接。

◇　添加图层样式：单击此按钮会弹出"图层样式"下拉列表，在其中可以选择相应的样式添加到图层中。

◇　添加图层蒙版：单击此按钮可为当前图层创建一个蒙版。

◇　新建填充或调整图层：单击此按钮，在下拉列表中可以选择相应的填充或调整图层命令，然后在"调整"面板中进行进一步的编辑。

◇　新建图层组：单击此按钮会在"图层"面板中新建一个用于放置图层的组。

◇　新建图层：单击此按钮会在"图层"面板中新建一个空白图层。

◇　删除图层：单击此按钮可以将当前图层从"图层"面板中删除。

> 拓展知识
>
> 　　图层样式指的是为图层添加投影、外发光、内发光、斜面和浮雕等样式效果。各个图层样式的使用方法与设置过程大体相同。

任务5　掌握智能对象

将图像转换成智能对象后，将图像缩小后再复原到原来大小，图像的像素不会丢失，智能对象还支持多图层嵌套和应用滤镜并将应用的滤镜显示在智能对象图层的下方。

执行菜单栏中"图层/智能对象/转换为智能对象"命令，可以将图层中的单个图层、多个图层转换成一个智能对象，或者将选取的普通图层与智能对象图层转换成一个智能对象。转换成智能对象后，图层缩略图会出现一个表示智能对象的图标，如图4-34所示。

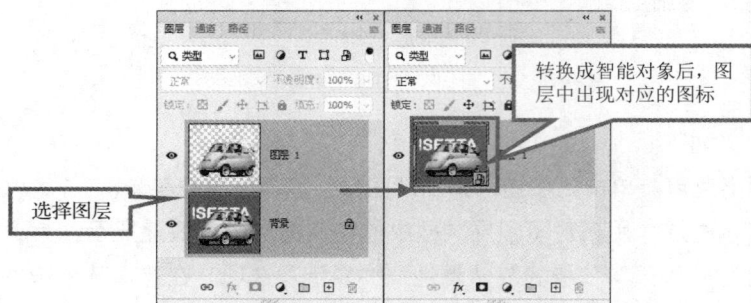

图4-34　转换成智能对象

课堂实操——通过调整色调编辑智能对象

对智能对象的源文件进行编辑、修改并存储后，对应的智能对象会随之改变，具体的操作如下。

（1）打开附带资源中的"创意汽车.jpg"素材，如图4-35所示。

（2）执行菜单栏中"图层/智能对象/转换为智能对象"命令，将背景图层转换成智能对象，如图4-36所示。

图4-35　素材

图4-36　转换成智能对象

（3）执行菜单栏中"图层/智能对象/编辑内容"命令，如图4-37所示。

图4-37　编辑内容

（4）执行菜单栏中"图像/调整/色相/饱和度"命令，打开"色相/饱和度"对话框，参数设置如图4-38所示。

（5）调整后的效果如图4-39所示。

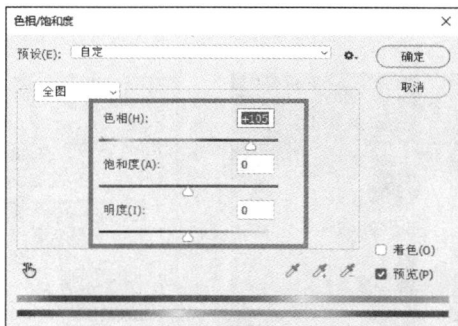

图4-38　"色相/饱和度"对话框

图4-39　调整后的效果

（6）关闭编辑文件"图层0"，弹出图4-40所示的提示对话框。

（7）单击"是"按钮，此时会发现智能对象随之发生了变化，如图4-41所示。

图4-40　提示对话框

图4-41　变化后的智能对象

任务6　掌握图层蒙版

　　图层蒙版可以理解为在当前图层上面覆盖一片玻璃，这种玻璃有透明和不透明两种，前者显示，后者隐藏。用各种绘图工具在图层蒙版上（即玻璃上）涂色（只能涂黑色、白色、灰色），涂黑色会使图层蒙版变为不透明，看不见当前图层的图像；涂白色则使图层蒙版变为透明，可以看到当前图层上的图像；涂灰色会使图层蒙版变为半透明，透明的程度由涂色的深浅决定。

　　图层蒙版可以在图层与图层之间创建无缝的合成图像，并且不会对图层中的图像造成破坏。

课堂实操——添加图层蒙版后运用画笔工具抠图

　　为图层添加图层蒙版后，图层中的图像不会遭到破坏。本次课堂实操主要讲解在蒙版中使用画笔工具进行抠图的方法，具体的操作如下。

　　（1）执行菜单栏中"文件/打开"命令或按"Ctrl+O"组合键，打开附带资源中的"素材\项目4\墙头和小猫"素材，如图4-42所示。

　　（2）使用移动工具将"小猫"图像拖曳到"墙头"文档中，对图层进行命名，如图4-43所示。

图4-42　素材

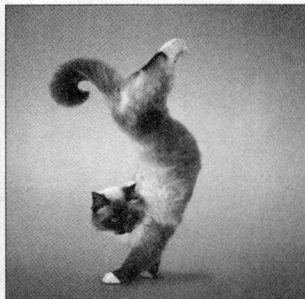

图4-43　拖曳图像并命名图层

　　（3）单击"添加图层蒙版"按钮，为"小猫"图层添加空白图层蒙版，如图4-44所示。

（4）将前景色设置为黑色，使用画笔工具 在蒙版中小猫以外的区域进行涂抹，如图4-45所示。

图4-44　添加蒙版

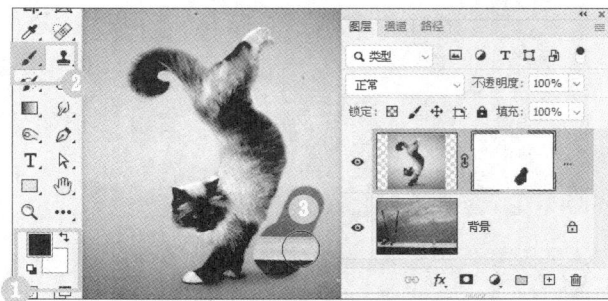

图4-45　涂抹黑色

（5）反复调整画笔大小，不断在小猫周围进行涂抹，直到将小猫抠出为止，如图4-46所示。

图4-46　将小猫抠出

（6）按"Ctrl+T"组合键调出变换框，拖动控制点将图像缩小，调整至合适位置，效果如图4-47所示。

（7）按"Enter"键完成变换，选择图片缩略图，使用加深工具 进行设置，如图4-48所示，在小猫周围涂抹，将白边变黑，效果如图4-49所示。

图4-47　调整图像大小和位置

图4-48　使用加深工具

图4-49　加深效果

（8）调整小猫的位置后，在小猫所在的图层下面新建一个图层并命名为"影"，如图4-50所示。

（9）根据影子的方向，将小猫图层水平翻转，使用多边形套索工具绘制选区并填充黑色，如图4-51所示。

图4-50　新建图层"影"

图4-51　填充选区

（10）按"Ctrl+D"组合键取消选区，单击"添加图层蒙版"按钮，将背景颜色设置为黑色，选择橡皮擦工具 <!-- icon -->，选择"模式"为"块"，编辑蒙版，如图4-52所示。

（11）设置"不透明度"为75%，如图4-53所示。

图4-52　编辑蒙版

图4-53　设置不透明度

（12）至此，本次课堂实操完成，最终效果如图4-54所示。

图4-54　最终效果

课堂实操——通过图层样式和蒙版制作网页导航

在图层中添加图层样式、添加图层蒙版并进行渐变编辑，制作出水晶风格的网页导航，具体的操作如下。

（1）启动Photoshop软件，执行菜单栏中"文件/打开"命令或按"Ctrl+O"组合键，打开配套资源中的"导航背景"素材，如图4-55所示。

图4-55　素材

（2）使用矩形工具 在图像的顶部绘制一个黑色矩形，如图4-56所示。

图4-56　绘制矩形

（3）分别执行菜单栏中"图层/图层样式/内发光、渐变叠加、外发光"命令，在打开的相应的"图层样式"对话框中进行参数设置，如图4-57所示，设置完成后单击"确定"按钮。

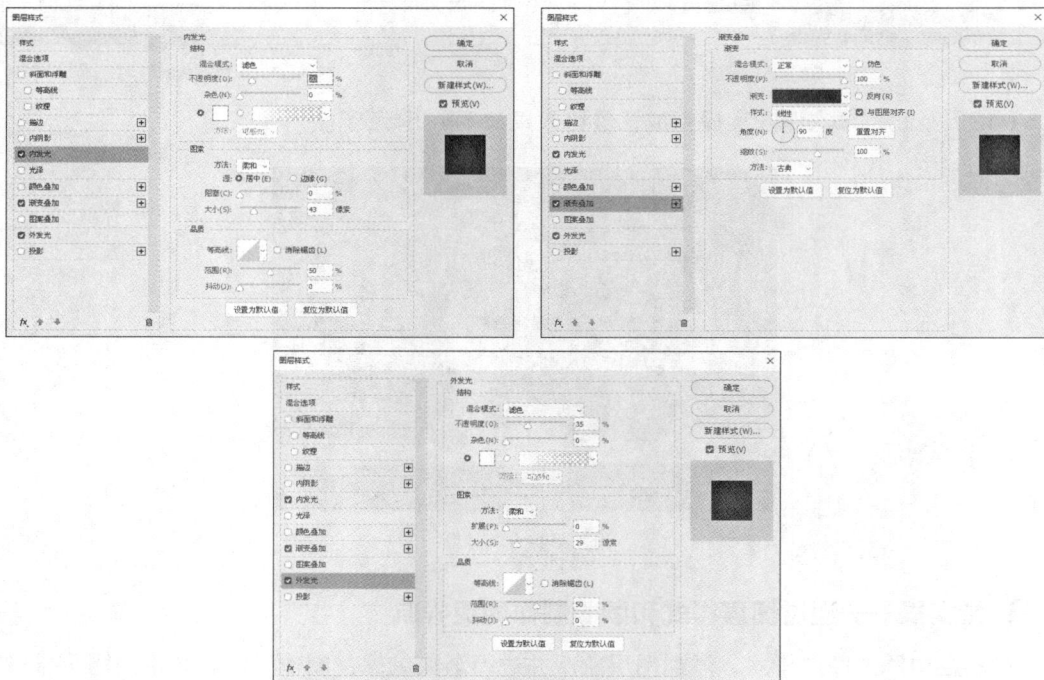

图4-57　"图层样式"对话框参数设置

（4）添加图层样式后的效果如图4-58所示。

图4-58　添加图层样式后的效果

（5）新建图层，使用矩形工具 在图像顶部绘制一个与下面黑色矩形大小相同的白色矩形，在"图层"面板中单击"添加图层蒙版"按钮 ，为其添加一个空白图层蒙版，使用渐变工具 在白色矩形中间位置拖曳，添加"从白色到黑色"的线性渐变，设置"不透明度"为24%，效果如图4-59所示。

图4-59　添加图层蒙版效果

（6）使用矩形选框工具 在白色矩形的左边绘制一个矩形选区，如图4-60所示。

图4-60　绘制矩形选区

（7）在"图层"面板中单击"创建新的填充或调整图层"按钮 ，在弹出的菜单中选择"色相/饱和度"命令，在"属性"面板中设置参数，如图4-61所示。

图4-61　"色相/饱和度"参数设置

（8）调整后的效果如图4-62所示。

图4-62　调整后的效果

（9）新建一个图层组，在图层组中新建一个图层，使用椭圆工具 ⬭ 绘制一个白色椭圆，如图4-63所示。

（10）执行菜单栏中"滤镜/模糊/高斯模糊"命令，打开"高斯模糊"对话框，设置"半径"为1.9像素，如图4-64所示。

图4-63　绘制椭圆

图4-64　"高斯模糊"对话框

（11）单击"确定"按钮，设置"不透明度"为29%，如图4-65所示。

图4-65　设置不透明度

（12）使用矩形选框工具 ▦ 在椭圆的右侧绘制一个矩形选区，按"Delete"键将选区内容删除，效果如图4-66所示。

图4-66　删除选区内容

（13）按"Ctrl+D"组合键取消选区，使用直线工具 ✏ 绘制一条黑色直线，如图4-67所示。

图4-67　绘制直线

（14）执行菜单栏中"图层/图层样式/投影"命令，打开"图层样式"对话框，参数设置如图4-68所示。

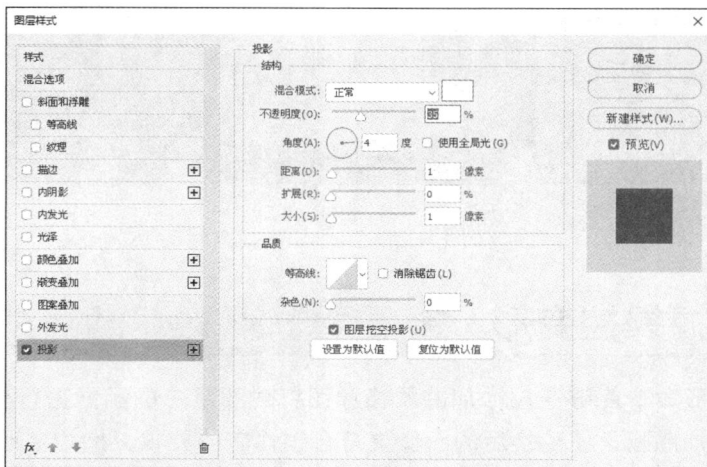

图4-68　"投影"图层样式参数设置

（15）单击"确定"按钮，效果如图4-69所示。

图4-69 添加投影后的效果

（16）复制出4份图层组，将它们分别移动到合适位置，效果如图4-70所示。

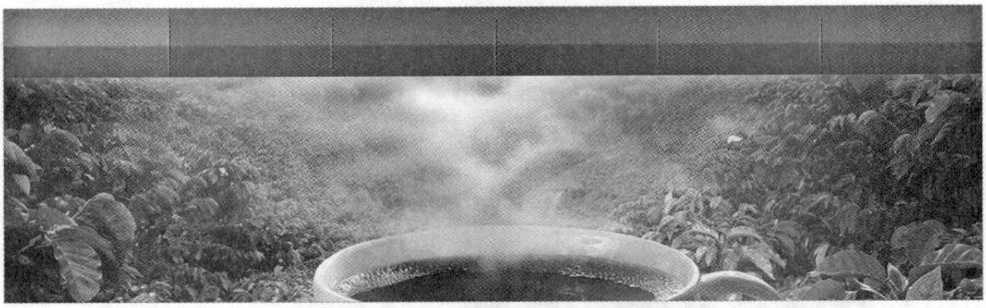

图4-70 复制图层组并调整位置

（17）使用横排文字工具 T 输入对应的文字。至此，本次课堂实操完成，效果如图4-71所示。

图4-71 最终效果

任务7 掌握操控变形

利用操控变形命令能够通过添加的网格和图钉对图层中的图像进行变形，从而使僵硬的变换变得更加顺畅，使变换后的图像更符合创作者的要求。操控变形效果如图4-72所示。

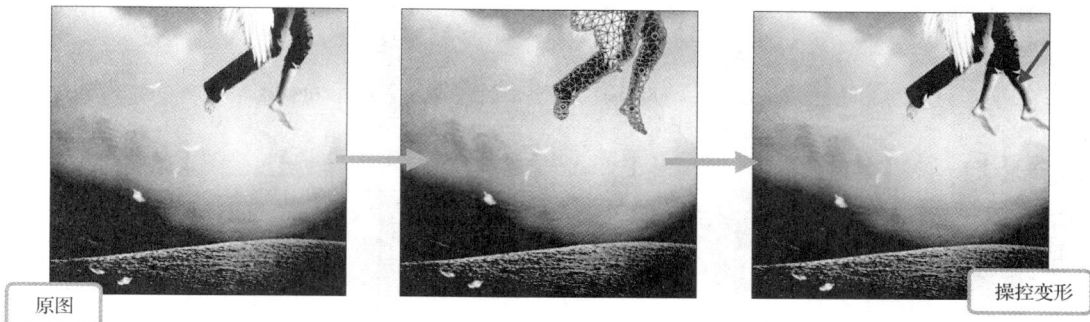

原图 操控变形

图4-72 操控变形效果

在图像中选择图层后，执行菜单栏中"编辑/操控变形"命令，此时系统会自动为图像添加网格，并将属性栏变为操控变形对应的选项，如图4-73所示。

图4-73 操控变形属性栏

其中各项的含义如下。

◇ 模式：用来设置操控变形时的样式。

◇ 密度：用来设置网格显示的密度以控制变形的品质。

◇ 扩展：用来扩展与收缩变换区域。

◇ 显示网格：在变换时显示网格。

◇ 图钉深度：控制图钉所处的层次，用以分辨多个图钉的顺序。

◇ 旋转：控制图钉的旋转角度。

课堂实操——通过"操控变形"命令将人物腿部拉长

本次课堂实操主要讲解通过"操控变形"命令为素材中的人物制作"大长腿"效果，具体的操作如下。

（1）启动Photoshop，打开一张拍摄的照片，如图4-74所示。

（2）执行菜单栏中"选择/主体"命令，系统会自动为图片中的人物创建选区，如图4-75所示。

（3）按"Ctrl+J"组合键将选区内的图像进行复制，得到"图层2"图层，如图4-76所示。

图4-74 素材

图4-75 创建主体选区

图4-76 复制选区内的图像

（4）选择"图层1"图层后，将"图层2"图层隐藏，使用污点修复画笔工具 🖊.在人物的腿部进行涂抹，去掉部分腿，如图4-77所示。

图4-77 使用污点修复画笔工具

（5）选择并显示"图层2"图层，执行菜单栏中"编辑/操控变形"命令，在人物身体上添加图钉，如图4-78所示。

（6）选中脚上的图钉，向右上方拖曳，如图4-79所示。

（7）按"Enter"键完成变换，效果如图4-80所示。

图4-78 添加图钉

图4-79 向右上方拖曳

图4-80 最终效果

综合实战——设计与制作加湿器宣传网页

实战训练要求

1. 掌握使用渐变工具填充渐变色的方法。

2. 对提供的素材进行精细的抠图。

3. 调整大小，设置混合模式，合成图像。

4. 输入文字并进行排版。

5. 绘制圆角矩形，设置描边，调整不透明度。

实战素材

素材文件：素材\项目4\加湿器、楼群、影，如图4-81所示。

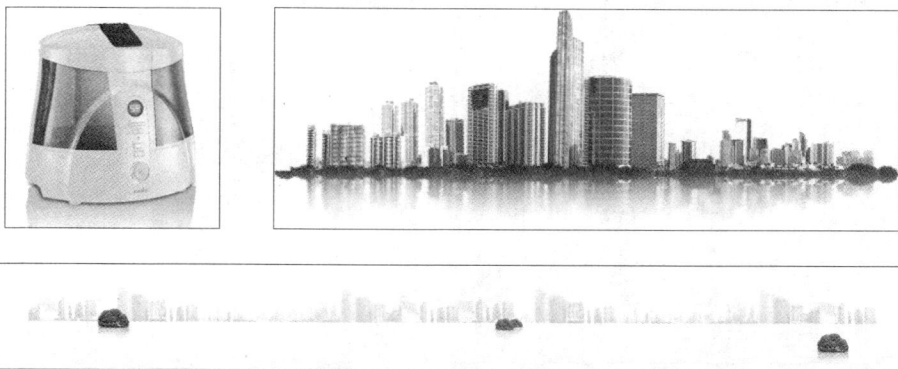

图4-81 实战素材

任务单

项目编号	4		项目名称	综合实战——设计与制作加湿器宣传网页
时间			地点	
目的： 制作加湿器宣传网页。				
课堂实践： 新建文档、打开素材、抠图、设置混合模式，完成一个电商宣传网页的制作。				
考核标准： 1. 主题明确，结构清晰，符合网页要求。10分 2. 色彩搭配和谐。10分 3. 抠图细致、没有毛边。10分 4. 文字与图片版式设置平衡。10分 5. 整体呈现效果得体。10分				
内容可粘贴：				
评价				
评分：			指导教师签字：	

实战效果图

效果文件：源文件\项目4\综合实战——设计与制作加湿器宣传网页，如图4-82所示。

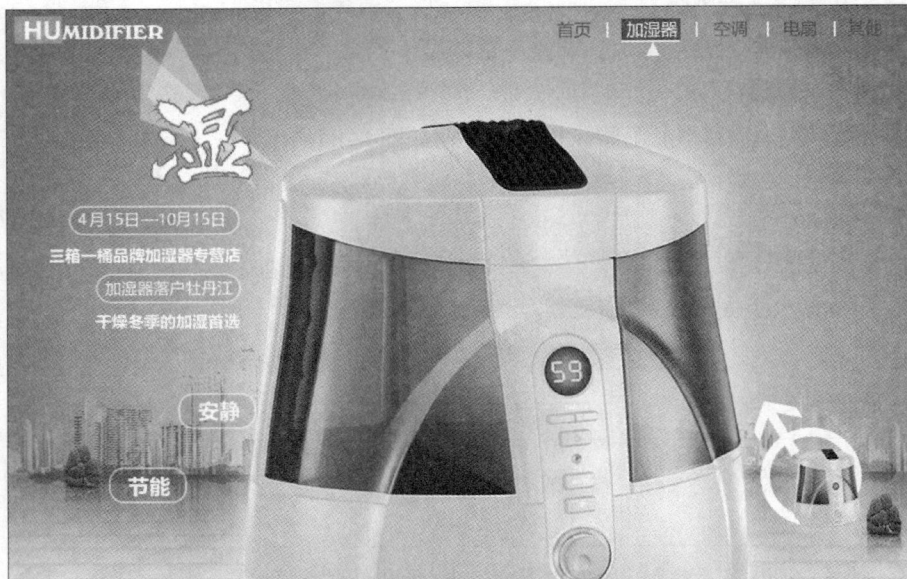

图4-82　加湿器宣传网页效果图

课后习题

一、选择题

1. 按（　　　）组合键可以通过复制新建一个图层。

　　A. "Ctrl+L"　　　　　　　　　　　　　　B. "Ctrl+C"

　　C. "Ctrl+J"　　　　　　　　　　　　　　D. "Shift+Ctrl+X"

2. 填充图层和调整图层具有（　　　）两种相同选项。

　　A. 不透明度　　　　B. 混合模式　　　　C. 图层样式　　　　D. 颜色

3. （　　　）功能不能应用于智能对象。

　　A. 绘画工具　　　　B. 滤镜　　　　　　C. 图层样式　　　　D. 填充颜色

4. （　　　）功能可以将文字图层转换成普通图层。

　　A. 栅格化/文字　　　　　　　　　　　　B. 栅格化文字图层

　　C. 栅格化/图层　　　　　　　　　　　　D. 栅格化/所有图层

二、填空题

1. 在Photoshop中，使用＿＿＿＿＿＿＿＿可以输入横排文字。

2. 执行菜单栏中"图层/智能对象/＿＿＿＿＿＿＿＿"命令，可以将图层中的单个图层、多个图层转换成一个智能对象，或者将选取的普通图层与智能对象图层转换成一个智能对象。

项目5
掌握切片与网页图像优化的方法

职场情境

如果网页上的图像较大，那么浏览器下载整个图像就需要花费很长的时间。切片简单理解就是将一幅大图像分割成一些小的图像切片。在网页中可以通过没有间距和宽度的表格重新将这些小的图像拼接起来，成为一幅完整的图像。这样做可以减小图像的大小，减少下载网页的时间，还能将图像的一些区域用HTML代替。为此，小艾想使用比较专业的软件对处理网页进行输出优化，而同事凯程告诉她，Photoshop就可以对一个网页进行切片制作并输出，只要了解切片输出和网页图像的优化与输出即可。

学习目标

◇ 掌握切片输出的方法。

◇ 掌握网页图像的优化与输出的方法。

◇ 积极积累网页各方面的知识并将其运用到工作中。

任务1　了解切片

切片工具是Photoshop软件自带的一个平面图片切割工具。使用切片工具可以将一个完整的网页切割成许多小的图片，以便从网络上下载。

活动1　了解创建切片

Photoshop 中的切片工具 ✐ 主要用于对图片进行"瘦身"，它可以在不损坏图像效果的前提下，减小文件的容量。在打开的图片上，选择切片工具 ✐，将鼠标指针置于要创建切片的位置，按住鼠标左键在需要的区域拖动，绘制切片，具体的创建过程与使用矩形选框工具 ⬚ 创建选区相同，如图5-1所示。

图5-1　创建切片

活动2　了解编辑切片

在切片上单击鼠标右键，在弹出的快捷菜单中选择"划分切片"命令，在弹出的"划分切片"对话框中勾选"垂直划分为"复选框，并将值设置为3，设置完毕后单击"确定"按钮，如图5-2所示。

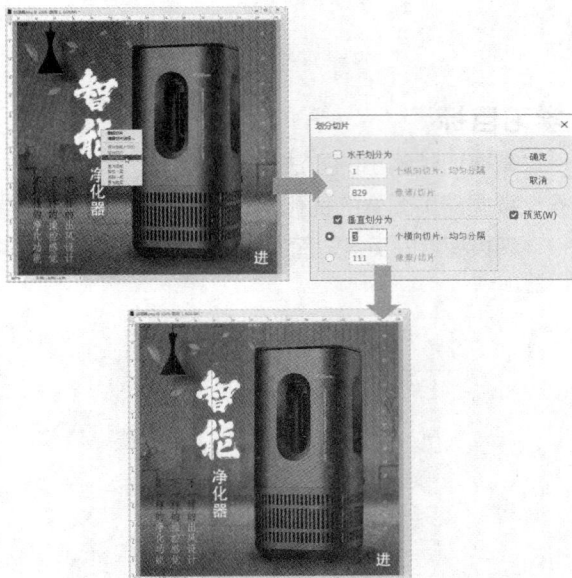

图5-2　使用"划分切片"命令编辑切片

"划分切片"对话框中各选项的含义如下。

◇ 水平划分为：水平均匀分割当前切片。

◇ 垂直划分为：垂直均匀分割当前切片。

在图像上单击鼠标右键，在弹出的快捷菜单中选择"编辑切片选项"命令，弹出"切片选项"对话框，可以设置切片的URL、目标、信息文本等选项，如图5-3所示。

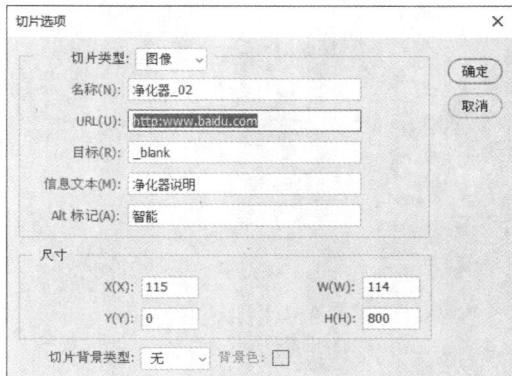

实践经验

切片选项	×
切片类型：图像	确定
名称(N)：净化器_02	取消
URL(U)：http://www.baidu.com	
目标(R)：_blank	
信息文本(M)：净化器说明	
Alt标记(A)：智能	
尺寸	
X(X)：115 W(W)：114	
Y(Y)：0 H(H)：800	
切片背景类型：无 背景色：□	

图5-3 "切片选项"对话框

"切片选项"对话框中各选项的含义如下。

◇ 切片类型：设置切片输出的类型，包括图像、无图像和表。

◇ 名称：显示当前选择的切片名称，也可以自定义。

◇ URL：当前切片链接的网页网址。

◇ 目标：设置打开网页的方式，主要包含_blank、_self、_parent、_top和自定义5种，依次表示新窗口、当前窗口、父窗口、顶层窗口和框架。当所指名称的框架不存在时，"自定义"等同于"_blank"。

◇ 信息文本：将鼠标指针移动到当前切片上时，网络浏览器中状态栏显示的内容。

◇ Alt标记：当鼠标指针移动到当前切片上时，弹出的提示信息。当网络上不显示图片时，图片位置将显示"Alt标记"文本框中的内容。

◇ 尺寸：X和Y代表当前切片的坐标，W和H代表当前切片的宽度和高度。

◇ 切片背景类型：设置切片背景在网页中的显示类型。其下拉列表中包括无、杂色、白色、黑色和其他。当选择"其他"选项时，会弹出"拾色器"对话框，可设置切片背景的颜色。

课堂实操——通过切片跳转到其他网页

执行"存储为Web所用格式（旧版）"命令可以导出和优化切片图像，Photoshop会将每个切片存储为单独的文件并生成显示切片图像所需的HTML或CSS代码，具体的操作方法如下。

（1）设置完切片后，执行菜单栏中"文件/导出/储存为Web所用格式（旧版）"命令，打开"储存为Web所用格式"对话框，使用切片选择工具 选择不同切片后，在"优化"设置区域对选择的切片进行优化，将所有切片都设置为GIF格式，如图5-4所示。

图5-4　"储存为Web所用格式"对话框

（2）设置完毕后单击"存储"按钮，打开"将优化结果存储为"对话框，设置"格式"为"HTML和图像"，如图5-5所示。

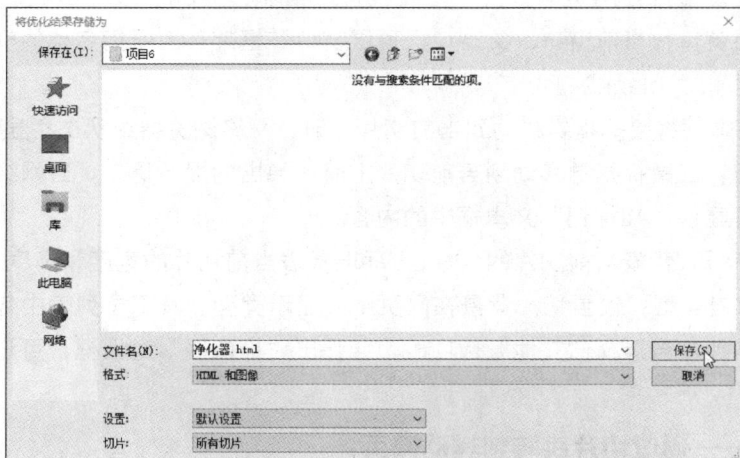

图5-5　"将优化结果存储为"对话框

（3）单击"保存"按钮，系统会创建一个文件夹，用于保存各个切片生成的文件。双击"净化器.html"，打开Web页面，如图5-6所示。

图5-6　打开的Web页面

（4）在切片2的位置单击，会自动跳转到百度主页。

任务2　掌握网页图像的优化

优化网页使网页快速下载是制作网页时很重要的一个考虑因素。优化网页涉及方方面面，图像的优化则是其中重要的手段之一，本任务将讲解如何进行网页图像的优化。

活动1　掌握图像的优化及应用颜色表

1. 学习图像的优化

现在的网站大量地使用图片，那么如何优化这些图片呢？

◇　在网站设计之初，要先做好规划，如背景图片如何使用，做到心中有数。

◇　编辑图片的时候，要做好裁剪，只展示必要的、重要的、同内容相关的部分。

◇　在输出图片的时候，图片大小要设置得当，长度和宽度设置成所需要的大小。

◇　JPG格式的图片也可以模糊背景，压缩的时候，可以压缩得更多。

◇　页面上的边框和背景，尽可能使用CSS格式进行展示，而不要使用图片。

◇　图片尽量使用PNG格式，以替代过去常用的GIF和JPG格式。在保证质量的情况下，用最小的文件。

◇　在HTML中明确指定图片的大小。

◇　对于GIF和PNG格式的图像，最小化颜色位数。

◇　如果图片上要添加文字，尽量不要把文字嵌入图片中，而是采用透明背景图片，或者使用CSS定位让文字覆盖在图片上，这样既能获得相同的效果，还能把图片更大程度地压缩。

◇　对于较小的GIF和PNG图片，可以使用有损压缩。

◇　使用局部压缩，可在保证前景清楚的基础上，较大程度地压缩背景。

◇　图片在优化之前，若能降噪，可以额外获得20%左右的压缩。

2. 学习应用颜色表

如果要将图像优化为GIF格式、PNG−8格式或WBMP格式，可以通过"储存为Web所用格式"对话框中的"颜色表"对颜色进行进一步设置，如图5−7所示。

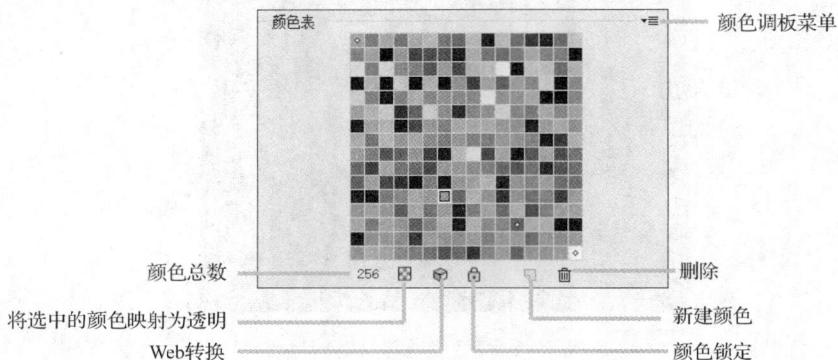

图5−7　颜色表

其中选项的含义如下。

◇　颜色总数：显示"颜色表"调板中颜色的总和。

◇　将选中的颜色映射为透明：在"颜色表"调板中选择相应的颜色后，单击该按钮，可以将当前优化图像中选取的颜色转换成透明。

◇　Web转换：可以将从"颜色表"调板中选取的颜色转换成Web安全色。

◇　颜色锁定：可以将从"颜色表"调板中选取的颜色锁定，锁定的颜色样本右下角会出现一个被锁定的方块图标，如图5−8所示。

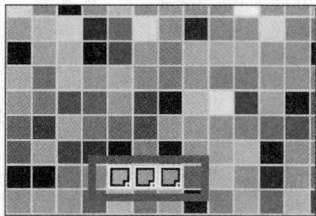

图5−8　锁定的颜色

> **实践经验**　将锁定的颜色样本选取再单击"颜色锁定"按钮，会将锁定的颜色样本解锁。

◇　新建颜色：单击该按钮可以将吸管工具 吸取的颜色添加到"颜色表"调板中，新建的颜色样本会自动处于锁定状态。

◇ 删除：在"颜色表"调板中选择颜色样本后，单击此按钮可以将选取的颜色样本删除，或者直接将颜色样本拖曳到该按钮上进行删除。

活动2　掌握设置图像大小及保存图像的方法

1．设置图像

颜色设置完毕后，可以通过"储存为Web所用格式"对话框中的"图像大小"对优化图像的输出大小进行进一步设置，如图5-9所示。

图5-9　图像大小

其中各项的含义如下。

◇ W和H：用来设置图像的宽度和长度。

◇ 百分比：设置缩放比例。

◇ 品质：可以在下拉列表中选择一种插值方法，以便对图像重新取样。

2．学习保存图像

执行菜单栏中"文件/导出/导出为"命令，弹出"导出为"对话框，选择导出格式后，单击"导出"按钮，弹出"另存为"对话框，选择文件的保存位置，如图5-10所示，单击"保存"按钮，即可保存图像。

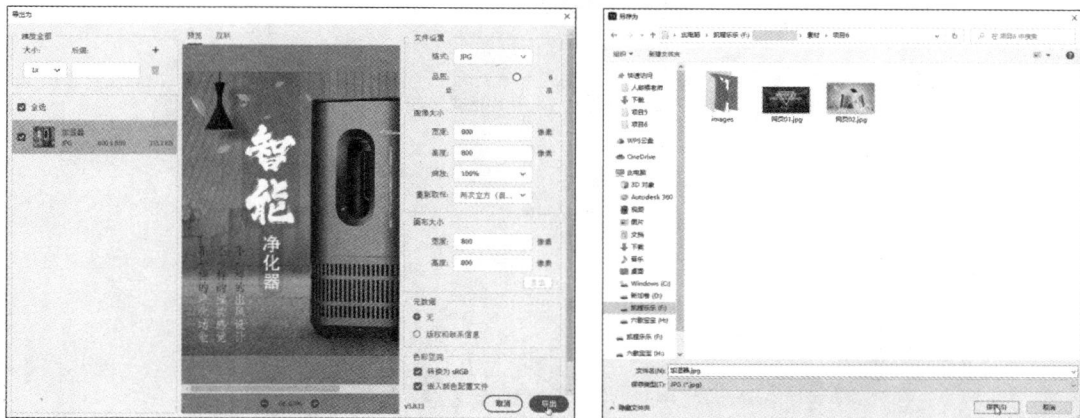

图5-10　"导出为"对话框和"另存为"对话框

课堂实操——通过"储存为Web所用格式（旧版）"命令输出透明GIF图

如何从Photoshop输出透明背景的GIF图呢？下面讲解输出透明GIF图的方法。

（1）启动Photoshop软件，打开一张净化器素材图片，如图5-11所示。

（2）使用魔术橡皮擦工具 在图像的背景上单击，将白色背景清除，清除背景后的效果如图5-12所示。

（3）执行菜单栏中"文件/导出/储存为Web所用格式（旧版）"命令，打开"储存为Web所用格式"对话框，将"优化格式"设置为 GIF，如图5-13所示。

（4）单击"存储"按钮，弹出"将优化结果存储为"对话框，如图5-14所示。

（5）单击"保存"按钮，即可将图像保存为透明图像，如图5-15所示。

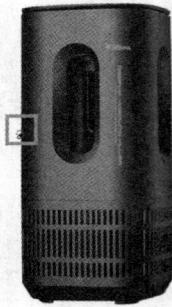

图5-11 素材   图5-12 清除背景后的效果

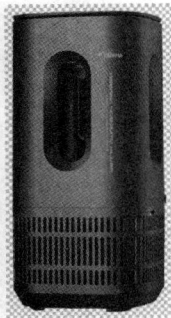

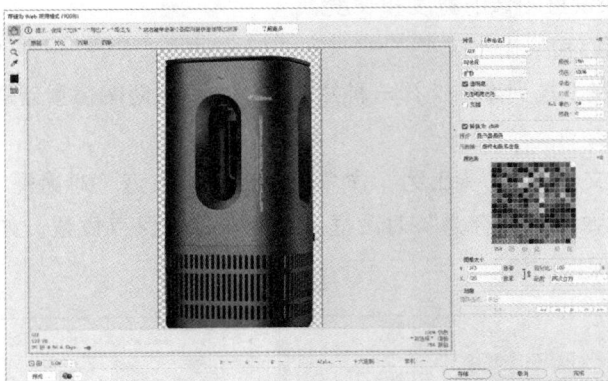

图5-13 "储存为Web所用格式"对话框

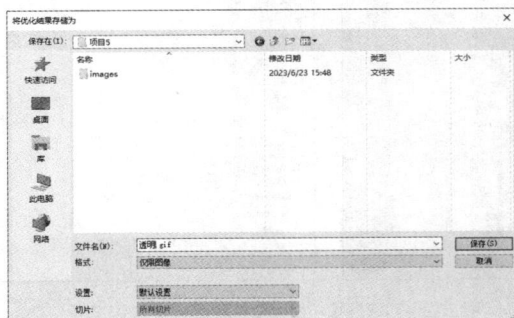

图5-14 "将优化结果存储为"对话框   图5-15 保存为透明图像

> 素养小课堂　　　在为网页及图像进行优化与输出的过程中，要积极增强自己的分析能力、沟通能力，懂得把所学知识运用到操作中的重要性，懂得团结协作在工作中的重要性，在学习的过程中还要时刻增强自己的责任感、使命感以及荣誉感。

综合实战——网页页面的切割与优化

实战训练要求

1. 掌握切片工具的使用方法。

2. 掌握网页布局中进行图像切片制作的方法。

3. 对图像进行优化处理。

实战素材

素材文件：素材\项目5\电商网页宣传页，如图5-16所示。

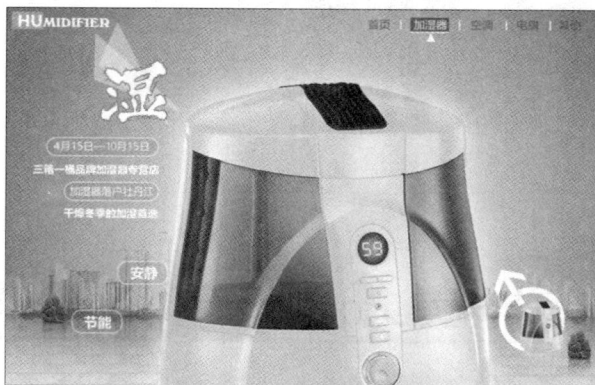

图5-16　电商网页宣传页

任务单

项目编号	5-1	项目名称	综合实战——网页页面的切割与优化
时间		地点	
目的： 实践网页页面进行切割与优化的一般流程。			
课堂实践： 电商主题，打开素材、创建切片、导出网页和图像，完成一个网页页面的切割与优化。			
考核标准： 1. 切片位置创建明确，符合网页要求。10分 2. 对切片进行优化。10分 3. 导出网页与图像。10分 4. 导出的切片数量要准确。10分 5. 导出的网页能够打开。10分			
内容可粘贴：			
评价			
评分：		指导教师签字：	

实战效果图

效果文件：源文件\项目5\综合实战——网页页面的切割与优化，如图5-17所示。

图5-17　创建的切片

综合实战——设计网页Logo

实战训练要求

1. 掌握圆角矩形的绘制方法。
2. 掌握调出多个图层选区的方法。
3. 掌握渐变色的填充方法。
4. 掌握为输入的文字调整间距的方法。
5. 调整不透明度。

实战素材

素材文件：无。

任务单

项目编号	5-2		项目名称	综合实战——设计网页 Logo
时间			地点	
目的： 实践依靠文字及图形设计网页 Logo 的一般流程。				
课堂实践： 电商主题，新建文档、绘制圆、绘制圆角矩形、调整图角位置、调出选区清除多余图像、填充渐变色，完成一个网页 Logo 的设计与制作。				
考核标准： 1. 设置圆角位置。10 分 2. 清除多余图像。10 分 3. 填充径向渐变色。10 分 4. 调整文字间距。10 分 5. 调整不透明度。10 分				
内容可粘贴：				
评价				
评分：			指导教师签字：	

实战效果图

效果文件：源文件\项目5\综合实战——设计网页Logo，如图5-18所示。

图5-18 网页Logo

综合实战——设计网页导航条

实战训练要求

1. 掌握填充渐变色的方法。

2. 掌握圆角矩形的绘制方法。

3. 掌握使用自定形状工具绘制标志的方法。

4. 掌握钢笔工具的使用。

5. 掌握添加图层样式的方法。

6. 掌握调整文字大小的方法。

实战素材

素材文件：无。

任务单

项目编号	5-3	项目名称	综合实战——设计网页导航条
时间		地点	
目的： 实践利用形状、渐变色和图层样式制作网页导航条的一般流程。			
课堂实践： 电商主题，新建文档、绘制圆角矩形、填充渐变色、绘制自定义形状、添加图层样式，完成一个网页导航条的设计与制作。			
考核标准： 1. 绘制圆角矩形、填充渐变色。10分 2. 绘制自定义形状并调整至合适大小。10分 3. 添加"渐变叠加"和"投影"图层样式。10分 4. 使用钢笔工具绘制路径并转换成选区、填充渐变色。10分 5. 调整文字大小。10分			
内容可粘贴：			
评价			
评分：		指导教师签字：	

实战效果图

效果文件：源文件\项目5\综合实战——设计网页导航条，如图5-19所示。

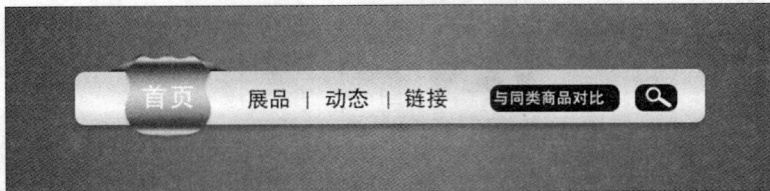

图5-19 网页导航条

课后习题

一、选择题

1. Photoshop中的（　　　）主要用于在制作网页时对图片进行"瘦身"，它可以在不损坏图像效果的前提下减小文件。

    A. 切片工具　　　B. 切片选择工具　　　C. 矩形选框工具　　　D. 钢笔工具

2. 使用（　　　）命令可以导出和优化切片图像，Photoshop会将每个切片存储为单独的文件并生成显示切片图像所需的HTML或CSS代码。

    A. 存储为Web和设备所用格式　　　　　B. 复制

    C. 色彩范围　　　　　　　　　　　　　D. 储存为

二、填空题

1. 如果切片大小不合适，可以进行调整，在切片上单击鼠标右键，在弹出的快捷菜单中选择_____命令，系统会打开"划分切片"对话框，将切片重新进行"水平"或"垂直"的划分。

2. 如果图片上要添加文字，尽量不要把文字嵌入图片中，而是采用透明背景图片，或者使用CSS定位让文字覆盖在图片上，这样既能获得相同的效果，还能把图片更大程度地_____。

项目6
创建本地站点和基本文本网页

职场情境

　　学习完网页设计中关于图像的部分后，如何创建一个属于自己的站点，并创建一个真正的网页呢？单纯地学习Photoshop已经不能完成此项工作了，此时的小艾非常苦恼！她迫切地想要知道使用哪个软件可以既简单又方便地创建网页。同事凯程知道她的苦恼后，告诉她，Dreamweaver就是一个集设计和代码的软件，对于初次接触网页设计的人，使用Dreamweaver是非常友好的，用户无论使用"设计"视图还是"代码"视图都可以方便地创建网页。本项目主要讲解Dreamweaver的工作界面，如何创建并管理本地站点，如何在网页中输入文本以及插入其他网页文本元素。

学习目标

　　✧　了解Dreamweaver软件的工作环境及主要功能。

　　✧　掌握创建站点的方法。

　　✧　掌握管理站点的方法。

　　✧　掌握在软件中插入文本的方法。

　　✧　掌握在软件中插入其他网页文本元素的方法。

　　✧　不忘初心，牢记使命，明白万丈高楼平地起、
　　　　做事要一步一步来的道理。

任务1　了解Dreamweaver的工作环境

Dreamweaver 2021是集网页制作和网站管理于一身的"所见即所得"的网页编辑软件，具有强大的功能和友好的操作界面，备受广大网页设计者的欢迎，是制作网页的首选软件。图6-1所示为Dreamweaver 2021的工作界面。

图6-1　Dreamweaver 2021的工作界面

1.　菜单栏

菜单栏中包含了Dreamweaver 2021关于网页制作的所有命令，需要执行命令时，只需在对应的菜单里查找就可以了。菜单栏包括"文件""编辑""查看""插入""工具""查找""站点""窗口""帮助"9个菜单。

2.　文档工具栏、工具栏

文档工具栏包含的按钮可用于选择文档窗口的不同视图（例如，"设计"视图、"拆分"视图和"代码"视图），位于工作界面的顶部。

工具栏位于应用程序窗口的左侧，包含特定于视图的按钮，可以快速进行文件的打开及相应的管理。

3.　面板组

Dreamweaver 中的面板可以自由组合成一个面板组。每个面板组都可以展开和折叠，并且可以和其他面板组停靠在一起或取消停靠。面板组还可以停靠到集成的应用程序窗口中，这样能够很容易地访问所需的面板，而不会使工作区变得混乱，面板组默认位于软件界面的右侧。

4.　"属性"面板

"属性"面板主要用于查看和更改所选对象的各种属性，每种对象具有不同的属性。"属性"面板中包括两种选项，一种是HTML选项，默认显示文本的格式、类和对齐方式等属性，如图6-2所示；另一种是CSS选项，单击"属性"面板中的"CSS"选项，可以在CSS选项中设置目标规则、字体、大小等属性，如图6-3所示。

图6-2　HTML选项

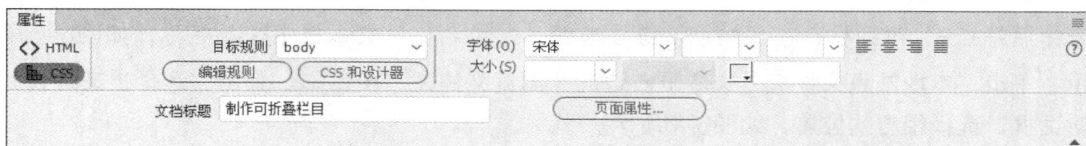

图6-3　CSS选项

5. 文档窗口

文档窗口也称文档编辑区。在"设计"视图中，文档窗口显示的文档近似于在浏览器中显示的情形；在"代码"视图中，会显示当前所创建和编辑的HTML文档内容；在"拆分"视图中，会同时显示上述两种视图的效果。文档窗口如图6-4所示。

图6-4　文档窗口

任务2　掌握创建与管理站点的方法

建立本地站点就是在本地计算机硬盘上建立一个文件夹，并用这个文件夹作为站点的根目录，然后将网页及其他相关的文件（如图片、视频、HTML文件）存放在该文件夹中。当准备发布站点时，将该文件夹中的文件上传到Web服务器即可。

活动1　掌握创建本地站点的方法

在制作网页之前首先要在本地计算机中创建一个本地站点，以便上传和管理信息。

启动Dreamweaver软件，执行菜单栏中"站点/新建站点"命令，弹出"站点设置对象 未命名站点2"对话框，在"站点"选项卡的"站点名称"文本框中输入名称，如图6-5所示。单击"本地站点文件夹"文本框右边的"浏览文件夹"按钮，弹出"选择根文件夹"对话框，选择相应的位置，如图6-6所示。

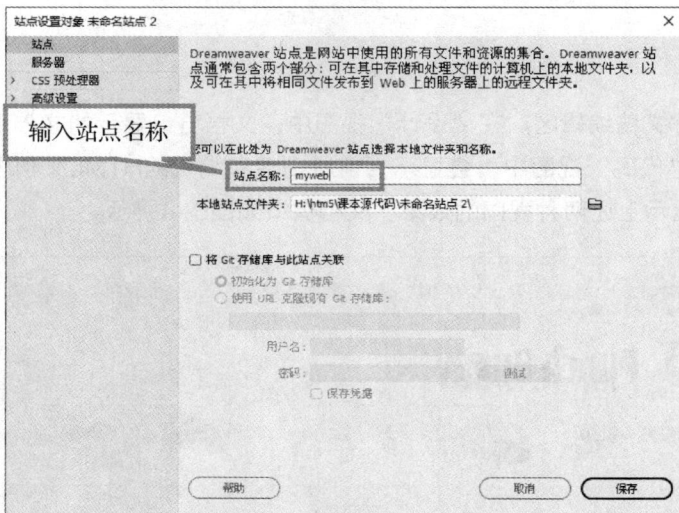

图6-5　"站点设置对象 未命名站点2"对话框

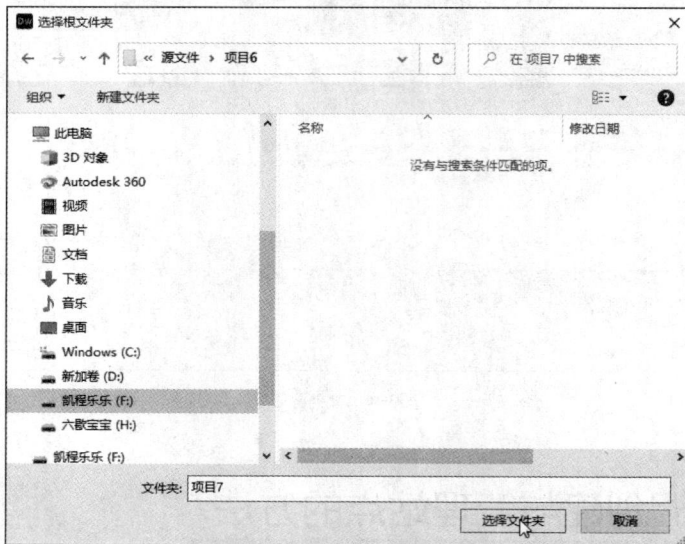

图6-6　"选择根文件夹"对话框

> 实践经验
>
> 要制作一个网站，第一步操作都是一样的——创建一个站点，这样可以使整个网站的脉络结构清晰地展现出来，避免以后再进行复杂的管理。

单击"选择文件夹"按钮，可以看到"本地站点文件夹"文本框中的内容为所选择的位置，如图6-7所示。单击"保存"按钮，在"文件"面板中可以看到创建的站点，如图6-8所示。

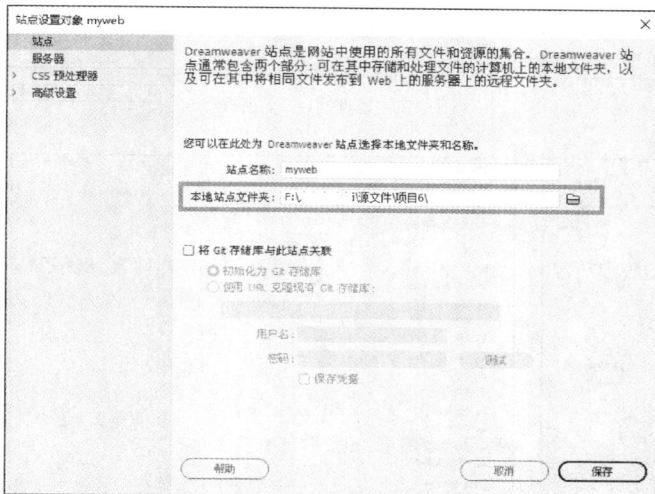

图6-7　本地站点文件夹

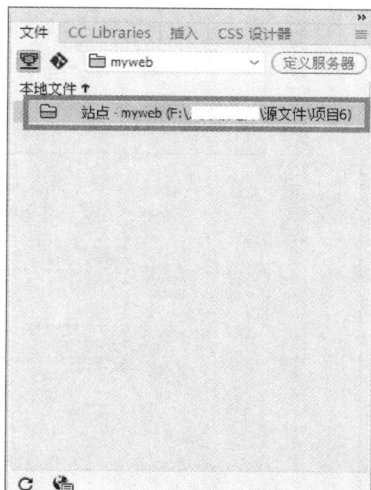

图6-8　创建的站点

> 实践经验
>
> 站点定义得不好，其结构会变得杂乱无章，给以后的维护造成很大的困难。我们要慎重看待这个工作，它在整个网站建设中是相当重要的。

活动2　掌握管理站点的方法

在Dreamweaver中，可以对本地站点进行管理，如打开、编辑、删除和复制站点等。当运行Dreamweaver后，系统会自动打开上次退出Dreamweaver时编辑的站点。

"文件"面板的文件下拉列表中会显示已定义的所有站点，如图6-9所示。如果想打开另外一个站点，在下拉列表中选择需要打开的站点即可。

创建站点后，可以对站点进行编辑，执行菜单栏中"站点/管理站点"命令，弹出"管理站点"对话框，单击"编辑当前选定的站点"按钮✎，如图6-10所示。弹出"站点设置对象myweb"对话框，在"高级设置"选项卡中选择"本地信息"，在右侧编辑站点的相关信息，单击"默认图像文件夹"文本框右边的"浏览文件夹"按钮▭，在弹出的"选择图像文件夹"对话框中设置文件夹为"images"，如图6-11所示。

设置完毕后，单击"选择文件夹"按钮，再单击"保存"按钮，返回"管理站点"对话框，单击"完成"按钮，完成站点的编辑。

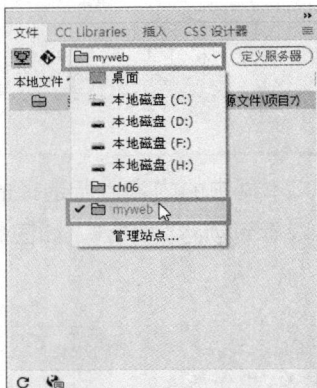

图6-9　站点列表

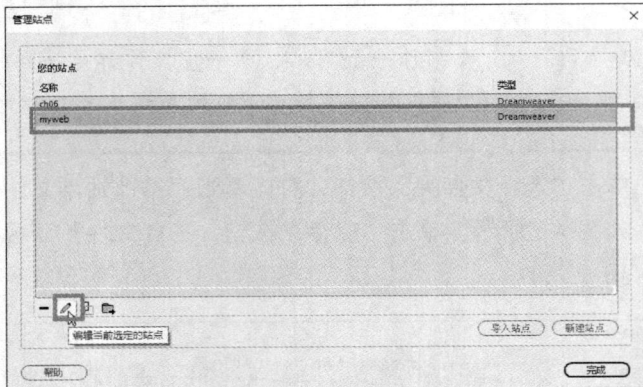

图6-10　"管理站点"对话框

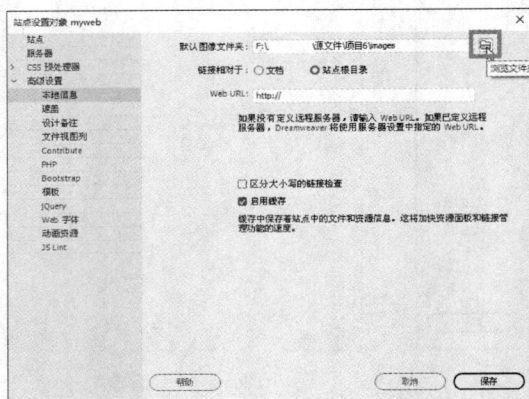

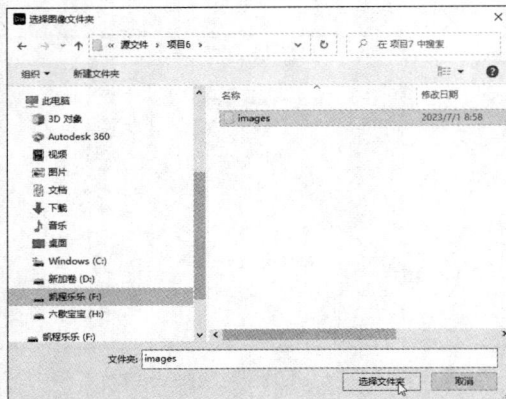

图6-11　设置默认图像文件夹

　　如果不再需要该站点，可以将其从站点列表中删除。执行菜单栏中"站点/管理站点"命令，弹出"管理站点"对话框，选中要删除的站点，单击"删除当前选定的站点"按钮，如图6-12所示。弹出Dreamweaver提示对话框，询问用户是否要删除选中的站点，如图6-13所示。单击"是"按钮，即可将选中的本地站点删除。

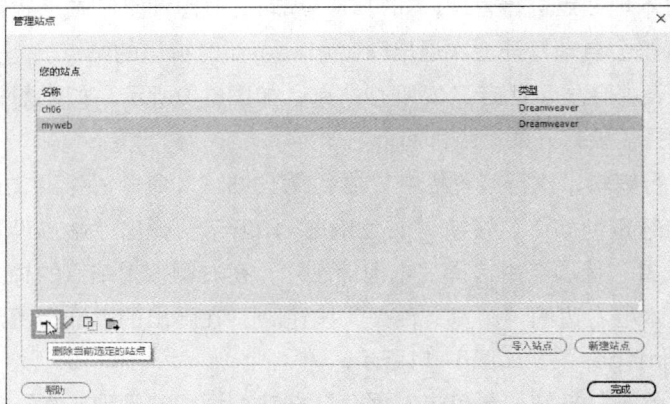

图6-12　单击"删除当前选定的站点"按钮

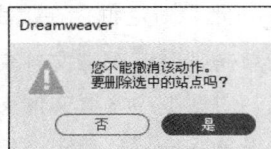

图6-13　Dreamweaver提示对话框

　　该操作实际上只是删除了Dreamweaver同该站点之间的联系，但是本地站点内容，包括文件夹和文档等，仍然保存在磁盘相应的位置，用户可以创建指向其位置的新站点，重新对其进行管理。

　　执行菜单栏中"站点/管理站点"命令，弹出"管理站点"对话框，选中要复制的站点，单击"复制当前选定的站点"按钮![]，如图6-14所示，新复制的站点名称会出现在"管理站点"对话框的站点列表中，如图6-15所示。单击"完成"按钮，完成对站点的复制。

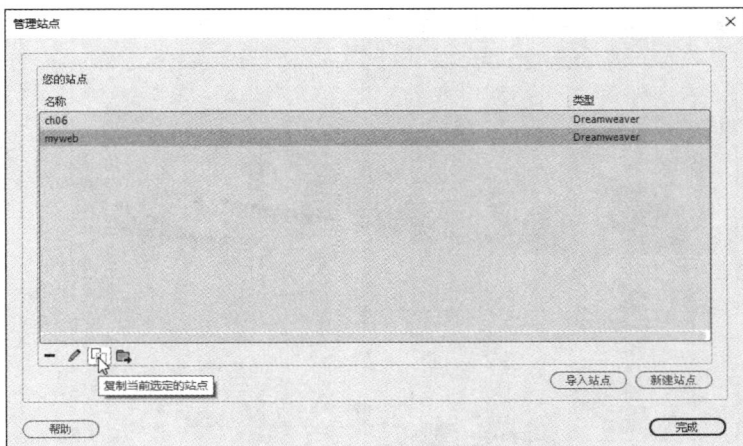

图6-14　单击"复制当前选定的站点"按钮

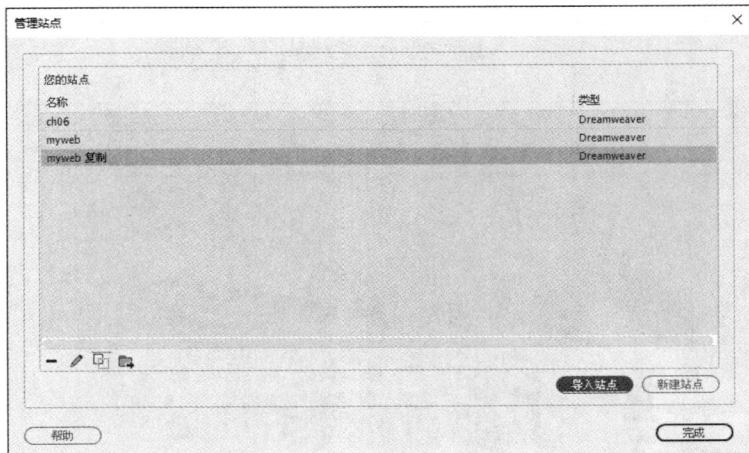

图6-15　复制的站点

　　在"管理站点"对话框中，单击"导出当前选定的站点"按钮![]，在弹出的对话框中选择存储路径，即可将站点存储。在"管理站点"对话框中，单击"导入站点"按钮，可将需要的站点导入软件。

任务3　掌握在网页中插入文本的方法

在Dreamweaver中可以通过直接输入、复制和粘贴的方法将文本插入文档中。

活动1　掌握插入普通文本的方法

文本是信息的基本载体，是网页中的基本元素。浏览网页时，用户获取信息最直接、最直观的方式就是阅读文本。在Dreamweaver中添加文本的方法非常简单，打开一个网页文档，如图6-16所示。将光标置于要输入文本的位置，然后输入文本，如图6-17所示。保存文档后，按"F12"键在浏览器中进行预览，效果如图6-18所示。

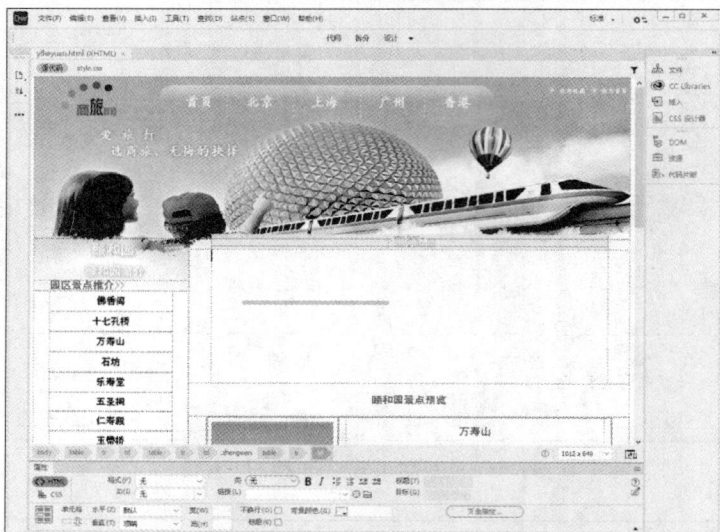

图6-16　打开网页文档

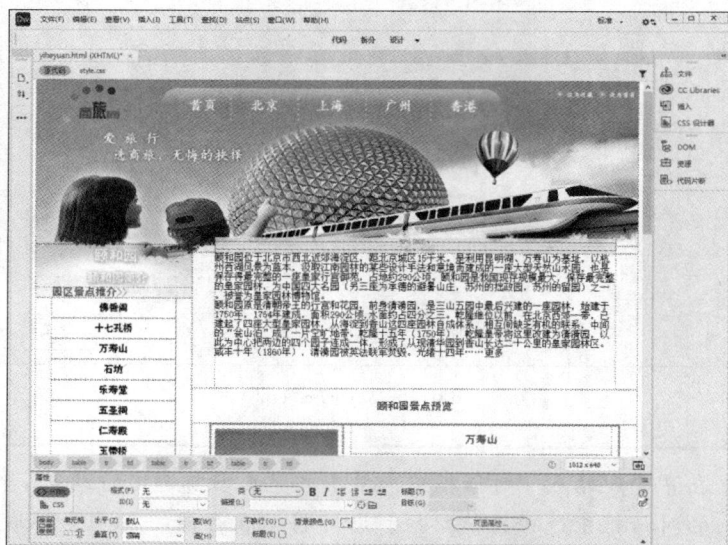

图6-17　在Dreamweaver中输入文本

图6-18　在浏览器中预览

> **实践经验**　插入普通文本还有一种方法，即从其他应用程序中复制，然后粘贴到Dreamweaver文档窗口中。在添加文本时要注意根据用户所用语言的不同，选择不同的文本编码方式，错误的文本编码方式会使中文显示为乱码。

活动2　掌握设置文本属性的方法

如果网页中的文本样式太单调，会大大降低网页的观赏性，对文本格式进行设置可使网页变得美观。选中需要设置格式的文本，然后在"属性"面板中设置文本的具体属性。选中文字，执行菜单栏中"窗口/属性"命令，打开"属性"面板，单击"大小"文本框右边的按钮，在弹出的下拉列表中选择12像素，如图6-19所示。在"属性"面板中的"字体"下拉列表中选择"管理字体"选项，如图6-20所示。

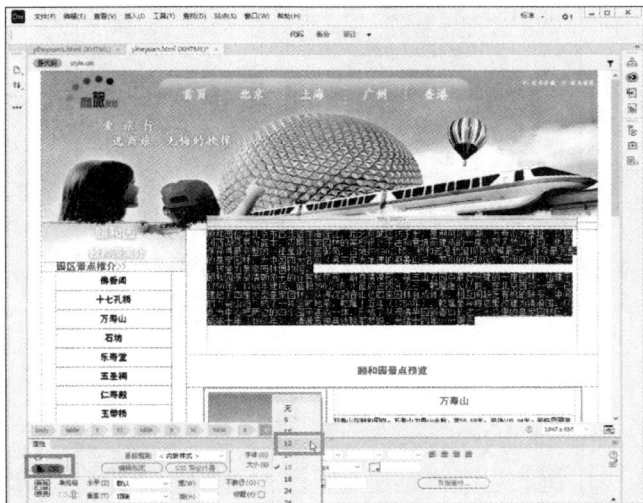

图6-19　设置文字大小

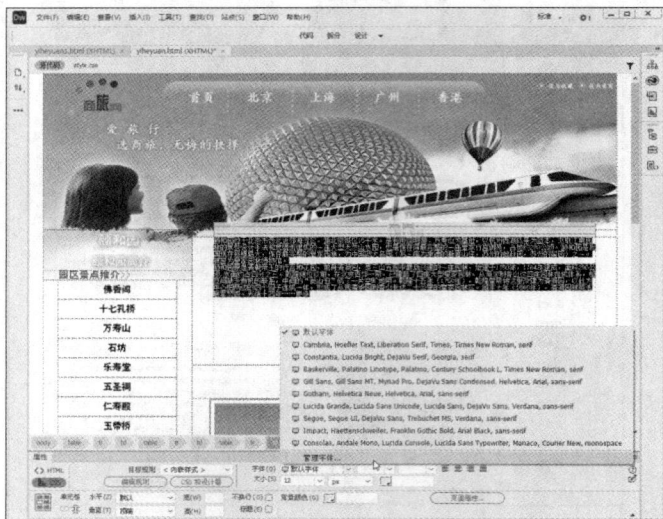

图6-20　选择"管理字体"选项

　　在弹出的"管理字体"对话框中选择"自定义字体堆栈"选项卡，在"可用字体"列表框中选择要添加的字体，单击 `<<` 按钮添加到左侧的"选择的字体"列表框中，在"字体列表"列表框中也会显示该字体，如图6-21所示。重复以上操作即可添加多种字体，若要移除已添加的字体，可以选中该字体后单击 `>>` 按钮。完成一个字体样式的编辑后，单击 **+** 按钮可进行下一个字体样式的编辑。若要移除某个已经编辑好的字体样式，可选中该样式后单击 **—** 按钮。完成字体样式的编辑后，单击"完成"按钮关闭该对话框。单击"Color"按钮，在弹出的颜色框中输入"#000000"，如图6-22所示。

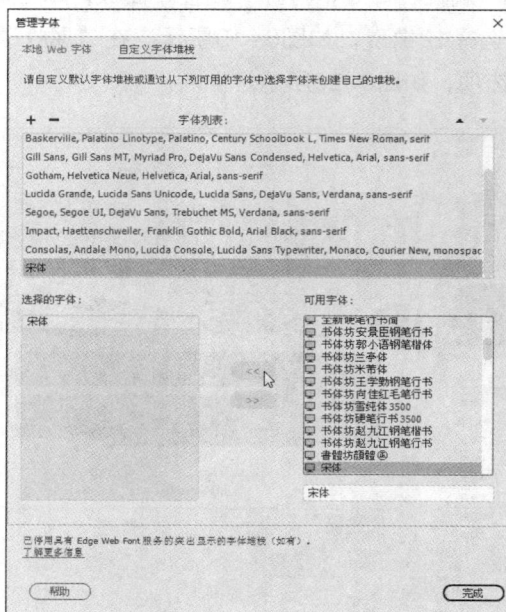

图6-21　"管理字体"对话框

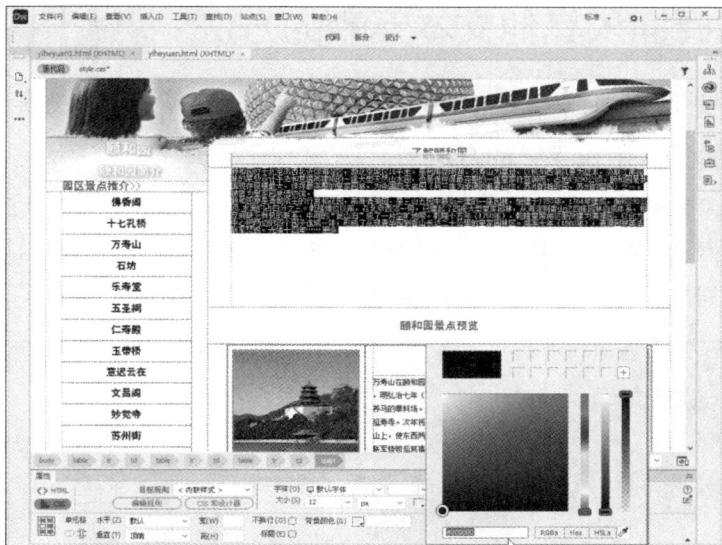

图6-22 设置字体颜色

选择最后面的两个文字，单击"Color"按钮，在弹出的颜色框中输入"#BF2ABE"，效果如图6-23所示。

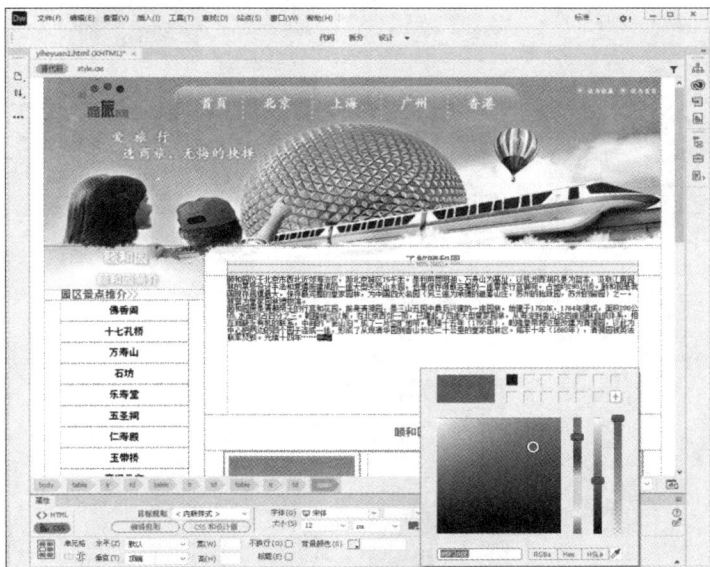

图6-23 设置最后面两个文字的颜色

素养小课堂

不积跬步，无以至千里；不积小流，无以成江海。这句话充分地告诉我们做什么事都不要想着一步就能达到想要的结果，都需要从基础做起，稳扎稳打直到到达顶峰。在制作网页时也要懂得这个道理，网页是由各个元素组合而成的，要从基础一步步做起。

任务4　掌握插入其他文本元素的方法

文本的字符与行之间可以插入额外的空格，还可以插入字符和水平线等元素。

活动1　掌握插入版权字符的方法

制作网页时，有时需要输入一些键盘上没有的特殊字符，这就需要使用Dreamweaver的字符功能。打开网页文档，将光标置于要插入字符的位置，如图6-24所示。执行菜单栏中"插入/HTML/字符/版权"命令后，就可以插入版权字符了，如图6-25所示。

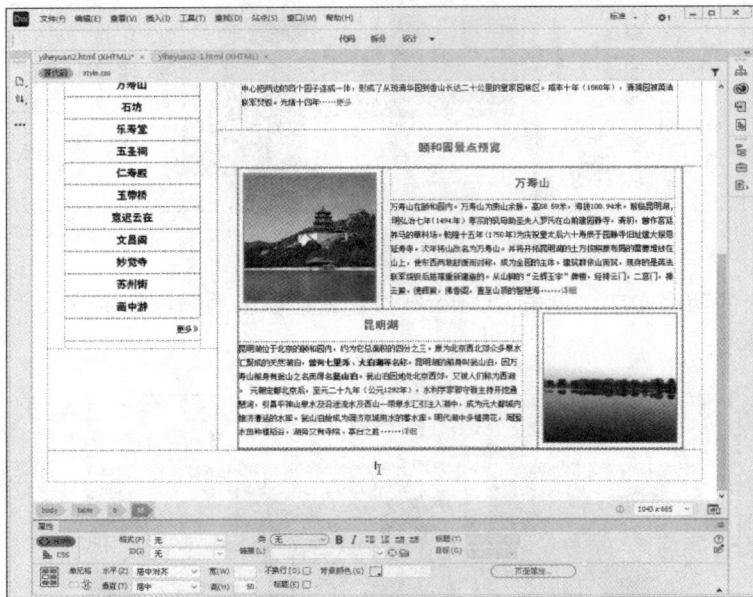

图6-24　定位光标

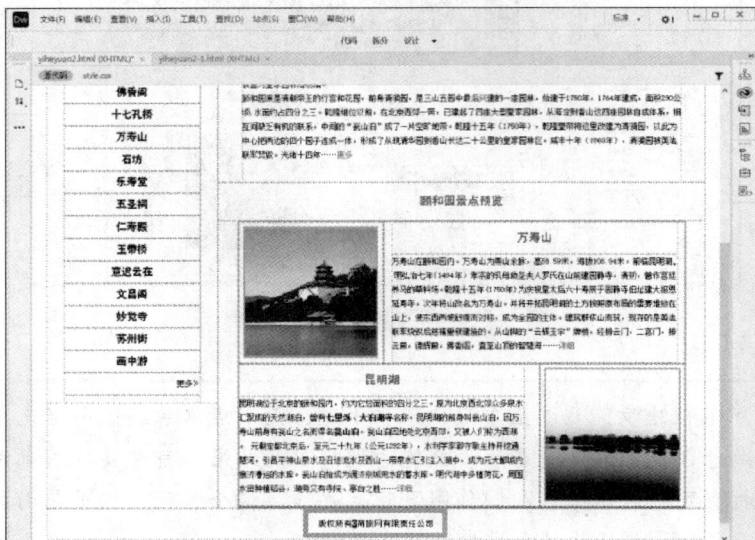

图6-25　插入版权字符

活动2 掌握插入水平线的方法

很多网页下方会显示一条水平线，以分割网页主题内容和底端的版权声明等。根据设计需要，也可以在网页中的任意位置添加水平线，达到区分不同内容的目的。打开网页后，将光标置于要插入水平线的位置，如图6-26所示。执行菜单栏中"插入/HTML/水平线"命令，系统会自动在该位置插入一条水平线，如图6-27所示。选中插入的水平线，在"属性"面板中可以设置水平线的属性。

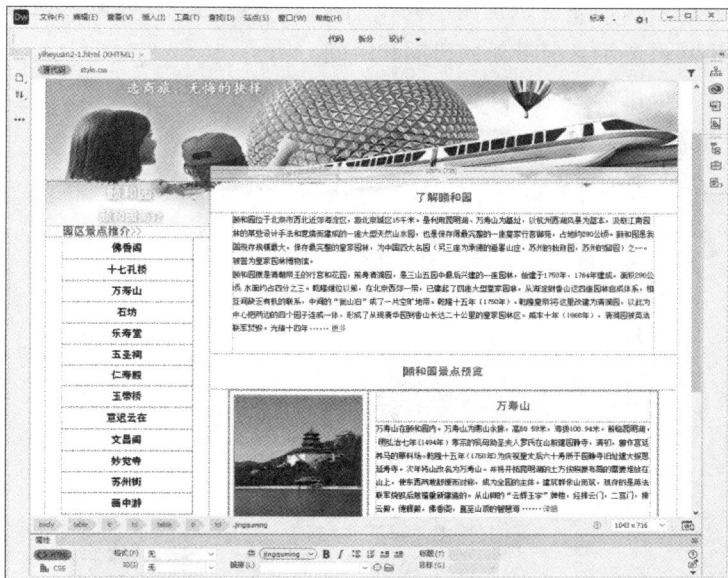

图6-26 将光标置于要插入水平线的位置

图6-27 插入水平线

课堂实操——通过"日期"命令插入日期

当需要在网页的指定位置插入准确的日期时，可以通过执行菜单栏中"插入/HTML/日期"命令来实现。执行该命令可以选用不同日期格式，规范且准确地表达日期，同时还可以设置自动更新，让网页显示当前最新的日期和时间。

下面通过课堂实操讲解如何在网页中插入日期，具体操作步骤如下。

（1）打开需要添加日期的网页文档，如图6-28所示。

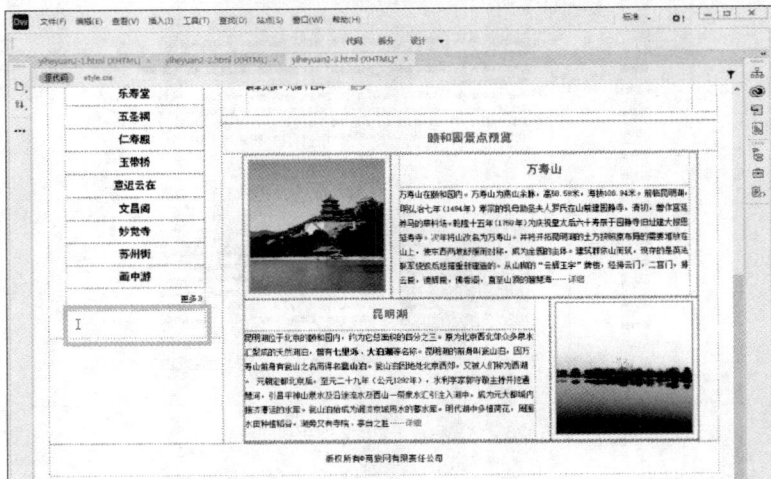

图6-28　打开的网页文档

（2）将光标置于要插入日期的位置，执行菜单栏中"插入/HTML/日期"命令，弹出"插入日期"对话框，设置相应的参数，如图6-29所示。

"插入日期"对话框中主要有以下参数。

◇　星期格式：设置星期的格式。

◇　日期格式：设置日期的格式。

◇　时间格式：设置时间的格式。

◇　储存时自动更新：如果勾选此复选框，则每次存储文档都会自动更新文档中的日期。

图6-29　"插入日期"对话框

（3）单击"确定"按钮，系统会按照设置的格式在网页相应位置添加日期，如图6-30所示。

（4）设置"水平"为"居中对齐"，保存文档，按"F12"键在浏览器中预览，效果如图6-31所示。

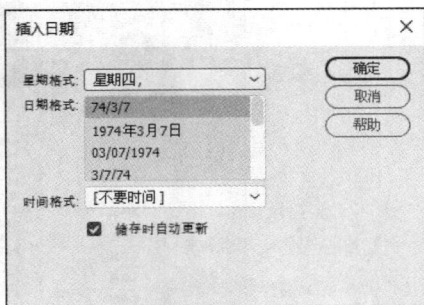

图6-30 插入时间

图6-31 网页效果

综合实战——制作网页文字区域

实战训练要求

1. 掌握打开网页文档的方法。
2. 掌握复制、粘贴文本的方法。
3. 设置文本大小。
4. 设置文本换行。

5. 改变文本颜色。

实战素材

素材文件：素材\项目6\6-5，如图6-32所示。

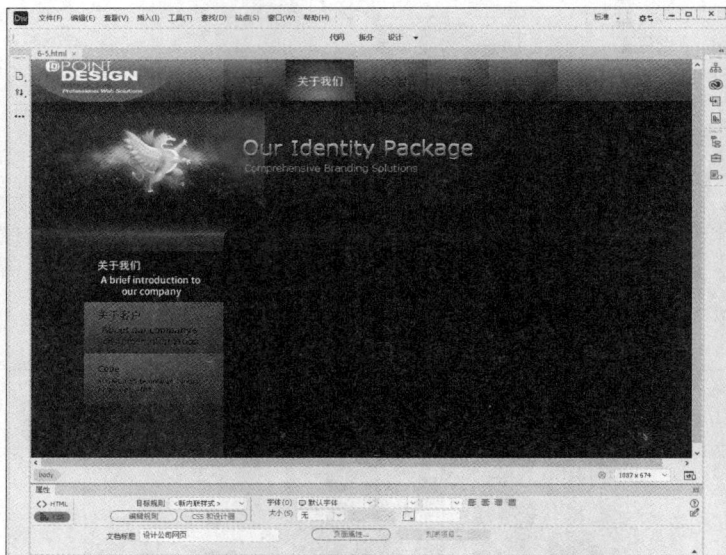

图6-32　素材

任务单

项目编号	6		项目名称	综合实战——制作网页文字区域
时间			地点	
目的： 实践网页制作中文字区域制作的一般流程。				
课堂实践： 设计主题，打开网页文档、复制和粘贴文本、设置文本大小和颜色，设置文本换行、设置文本首行缩进，完成网页文字区域的制作。				
考核标准： 1. 打开文档并另存文档。10 分 2. 复制文本。10 分 3. 设置文本大小和颜色。10 分 4. 设置文本换行。10 分 5. 设置文本首行缩进。10 分				
内容可粘贴：				
评价				
评分：		指导教师签字：		

实战效果图

效果文件：源文件\项目6\6-5.1，如图6-33所示。

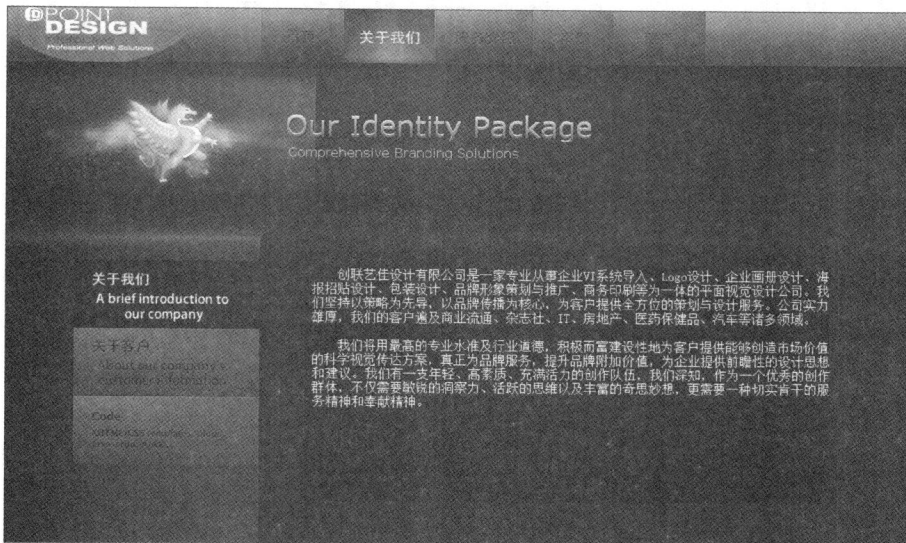

图6-33　添加并编辑文字后效果

课后习题

一、选择题

1．插入普通文本除了直接输入，还有一种方法，即从其他应用程序中复制，然后粘贴到Dreamweaver文档窗口中。在添加文本时还要注意根据用户所用语言的不同，选择不同的文本编码方式，错误的文本编码方式会使（　　）显示为乱码。

　　A．中文　　　　　　B．英文　　　　　　　C．图像　　　　　　D．色彩

2．在制作网页之前首先要在本地计算机中创建一个（　　），以便上传和管理信息。

　　A．文件夹　　　　　B．本地站点　　　　　C．文档　　　　　　D．切片

二、填空题

1．菜单栏包括"文件""编辑""查看""插入""工具""查找""站点""＿＿＿＿＿"和"帮助"9个菜单。

2．要制作一个网站，第一步操作都是相同的——创建一个＿＿＿＿＿，这样可以使整个网站的脉络结构清晰地展现出来，避免以后再进行复杂的管理。

项目7
使用表格排版布局网页

职场情境

  网站站点创建完成后，接下来需要对表格有进一步的了解，小艾的同事凯程告诉她，表格是网页排版设计的常用工具，利用表格在网页中不仅可以用来排列数据，还可以对页面中的图像、文本等元素进行准确的定位，从而使页面显得更加整齐有序，看起来既丰富多彩又有条理。本项目主要讲解表格的创建、表格属性的设置、表格的基本操作、表格的排序和插入表格式数据等内容。

学习目标

♦ 掌握插入表格和表格元素的方法

♦ 掌握选择表格元素的方法。

♦ 掌握表格的基本操作。

♦ 掌握插入表格式数据和排序表格的方法。

♦ 打牢基础，建万丈高楼，每一块砖、每一颗螺丝都是整个主体的关键。

♦ 要想真正地掌握所学知识，就要了解实践操作的重要性。

任务1　掌握插入表格和表格元素的方法

在Dreamweaver中，表格可以用于安排网页的整体布局，起着非常重要的作用。

活动1　掌握插入表格的方法

在网页中插入表格非常简单，新建一个网页文档，将其进行存储后，执行菜单栏中"插入/Table"命令，打开"Table"对话框，将"行数"设置为2、"列"设置为1、"表格宽度"设置为"1024像素"、"边框粗细"设置为0像素、"单元格边距"设置为0、"单元格间距"设置为0，如图7-1所示。设置完毕后单击"确定"按钮，插入表格，如图7-2所示。

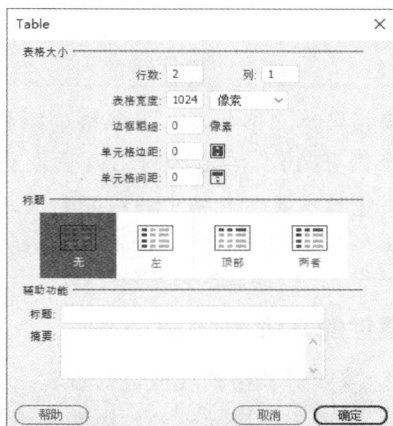

图7-1　"Table"对话框

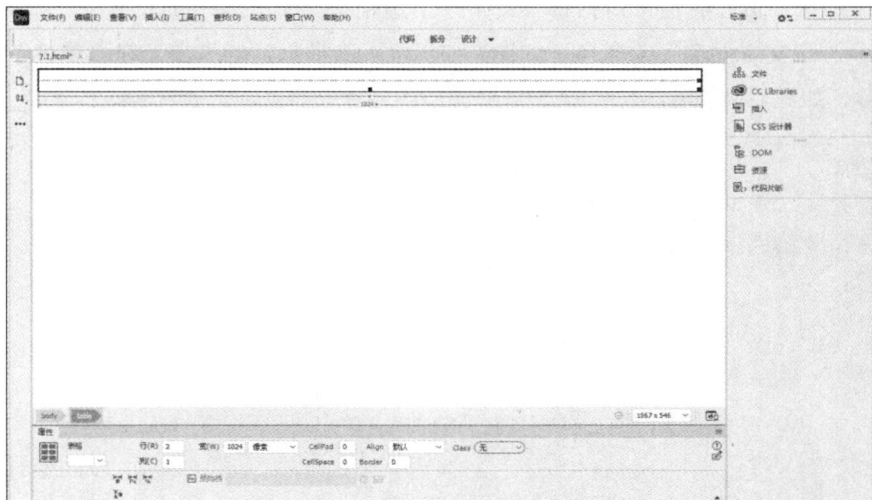

图7-2　插入表格

"Table"对话框中的参数介绍如下。

◇　行数：在文本框中输入新建表格的行数。

◇　列：在文本框中输入新建表格的列数。

　　◇　表格宽度：用于设置表格的宽度，其右边的下拉列表中包含"百分比"和"像素"两个选项。

　　◇　边框粗细：用于设置表格边框的宽度，如果设置为0像素，在浏览时则看不到表格的边框。

　　◇　单元格边距：单元格内容和单元格边界之间的像素数。

　　◇　单元格间距：单元格和单元格之间的像素数。

　　◇　标题：可以定义表头样式，4种样式任选一种。

　　◇　辅助功能：定义表格的标题。

　　◇　标题：用来设置表格标题的对齐方式。

　　◇　摘要：用来对表格进行注释。

> **实践经验**　　如果没有明确指定单元格间距、单元格边距和边框粗细的值，大多数浏览器将单元格边距设置为1、单元格间距设置为2、边框粗细设置为1来显示表格。若要确保浏览器不显示表格中的边距和间距，可以将单元格边距和单元格间距设置为0。

活动2　掌握设置表格属性的方法

　　创建完表格后可以根据实际需要对表格的属性进行设置，如宽度、边框、对齐方式等，也可只对某些单元格进行设置。设置表格属性之前首先要选中表格，"属性"面板中显示表格的属性，然后进行相应的设置。在不选中表格的情况下，单击"属性"面板中的"页面属性"按钮，打开"页面属性"对话框，设置"上边距"为0px、"页面字体"为宋体、"大小"为14px、"文本颜色"为黑色，如图7-3所示。选择创建的表格，在"属性"面板中设置各项参数，如图7-4所示。

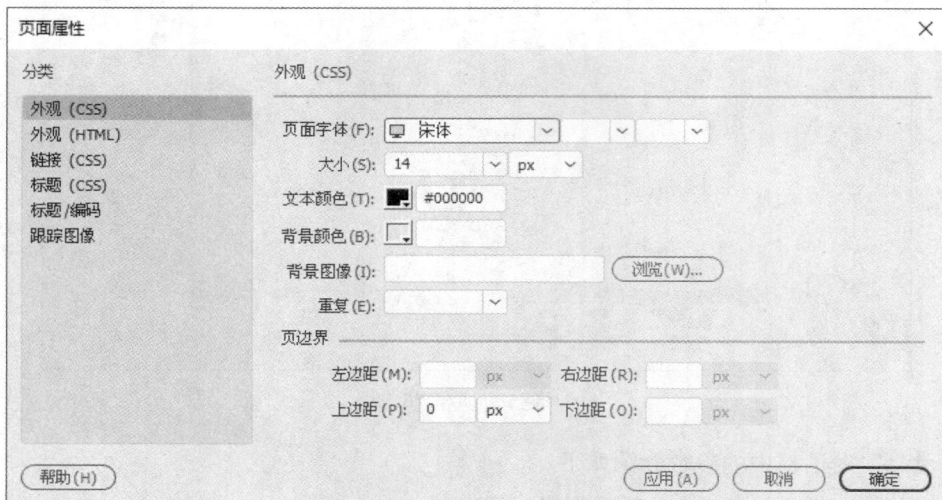

图7-3　"页面属性"对话框

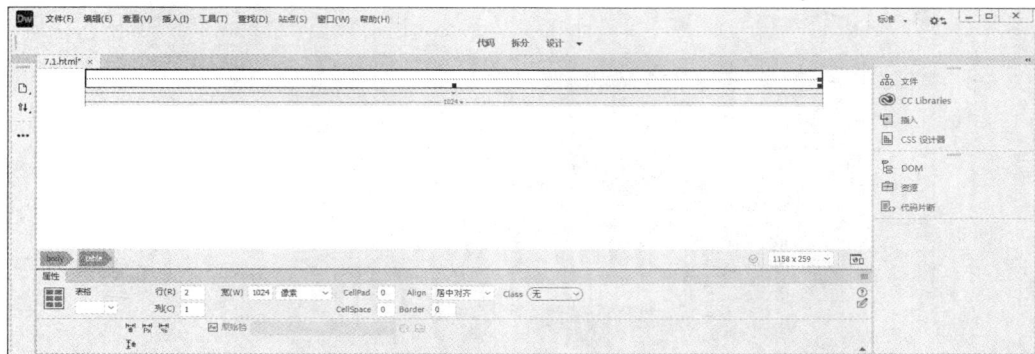

图7-4 "属性"面板参数设置

其中，"属性"面板中的参数介绍如下。

◇ 表格：输入表格的名称。

◇ 行和列：输入表格的行数和列数。

◇ 宽：输入表格的宽度，其单位可以是"像素"或"百分比"。

像素：选择该项，表明该表格的宽度值是像素值。这时表格的宽度是绝对宽度，不随浏览器窗口大小的变化而变化。

百分比：选择该项，表明该表格的宽度值是表格宽度与浏览器窗口宽度的百分比。这时表格的宽度是相对宽度，会随着浏览器窗口大小的变化而变化。

◇ CellPad：单元格内容和单元格边界之间的像素数。

◇ CellSpace：相邻单元格间的像素数。

◇ Align：设置表格的对齐方式，有"默认""左对齐""居中对齐""右对齐"4个选项。

◇ Border：用来设置表格边框的宽度。

◇ 清除列宽：用于清除表格的列宽。

◇ 将表格宽度转换成像素：用于将表格宽从百分比转换为像素。

◇ 将表格宽度转换成百分比：用于将表格宽从像素转换为百分比。

◇ 清除行高：用于清除表格的行高。

活动3 掌握添加内容到单元格的方法

表格创建以后，就可以在表格中添加各种元素了，如文本、图像、表格等。在表格中添加文本就像在文档中操作一样，除了直接输入文本，还可以利用其他文本编辑器先编辑文本，然后将文本复制到表格里，这是一种简便而快速的方法。将光标置于单元格中，执行菜单栏中"插入/Image"命令，选择一个素材图像将其插到第一行中，设置第二行的"高"为100、"垂直"为"顶端"，如图7-5所示。将光标放置到第二行并执行菜单栏中"插入/Table"命令，插入一个宽度为80%的3行2列表格，将其居中后，设置每个单元格的"高"都为30，分别输入相应的文本，如图7-6所示。将光标放置到单元格内，设置"水平"为"居中对齐"，如图7-7所示。

图7-5　插入图像并设置表格高度

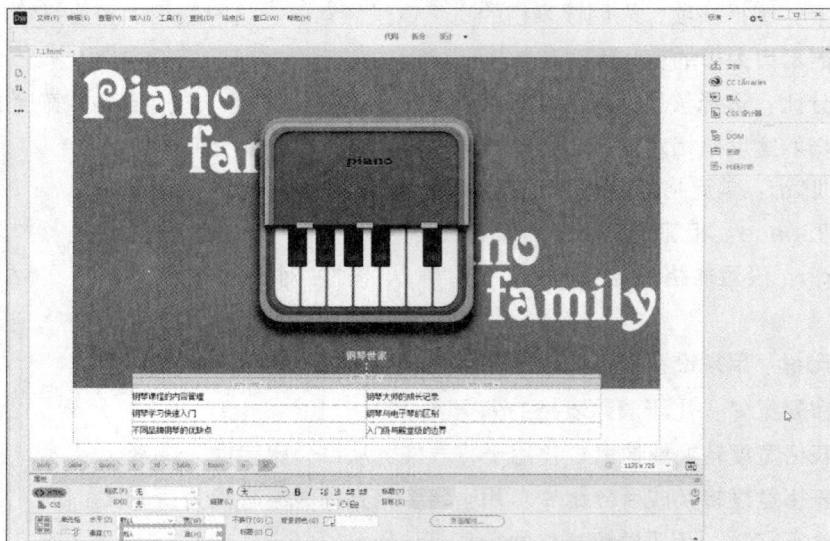

图7-6　嵌套表格及输入文本

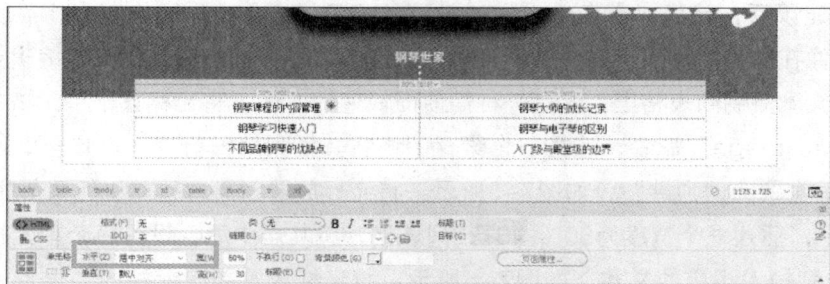

图7-7　居中对齐文本

任务2　掌握选择表格元素的方法

处理表格时经常要选择表格中的一个或多个单元格，或者选择整行、整列单元格，这时可以根据具体情况使用不同的方法进行选择。

活动1　掌握选择表格的方法

要想对表格进行编辑，那么首先要选择它，主要通过以下4种方法选择表格。

◇　将鼠标指针置于表格的左上角，按住鼠标左键不放，拖曳鼠标到表格的右下角，将整个表格中的单元格选中，再单击鼠标右键，在弹出的菜单中选择"表格/选择表格"命令，如图7-8所示。

图7-8　选择"选择表格"命令

◇　单击表格边框线的任意位置，即可选中表格，如图7-9所示。

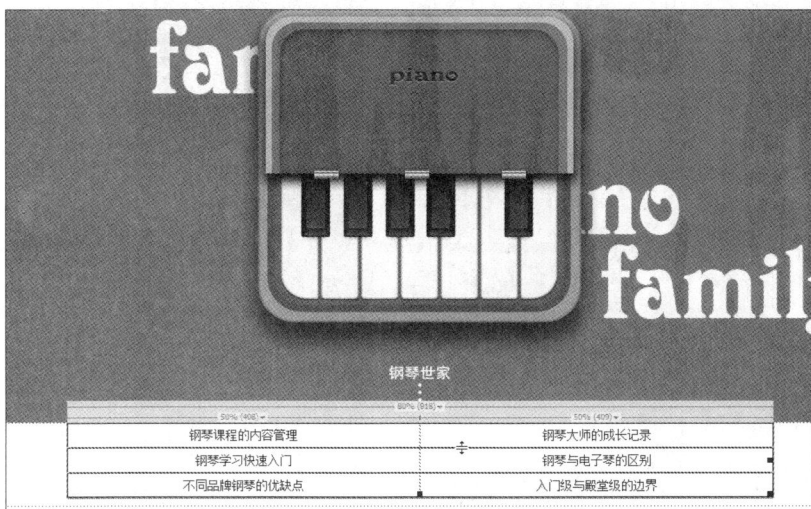

图7-9　单击表格边框线

✧ 将光标置于表格内任意位置，执行菜单栏中"编辑/表格/选择表格"命令，如图7-10所示。

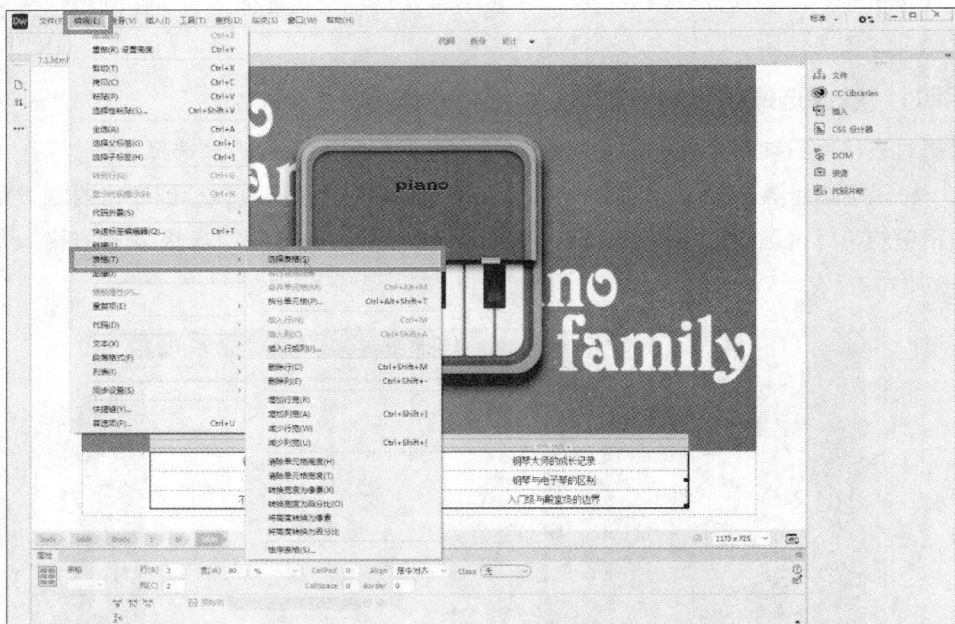

图7-10 执行菜单栏中的命令

✧ 将光标置于表格内任意位置，单击文档窗口左下角的<table>标签，如图7-11所示。

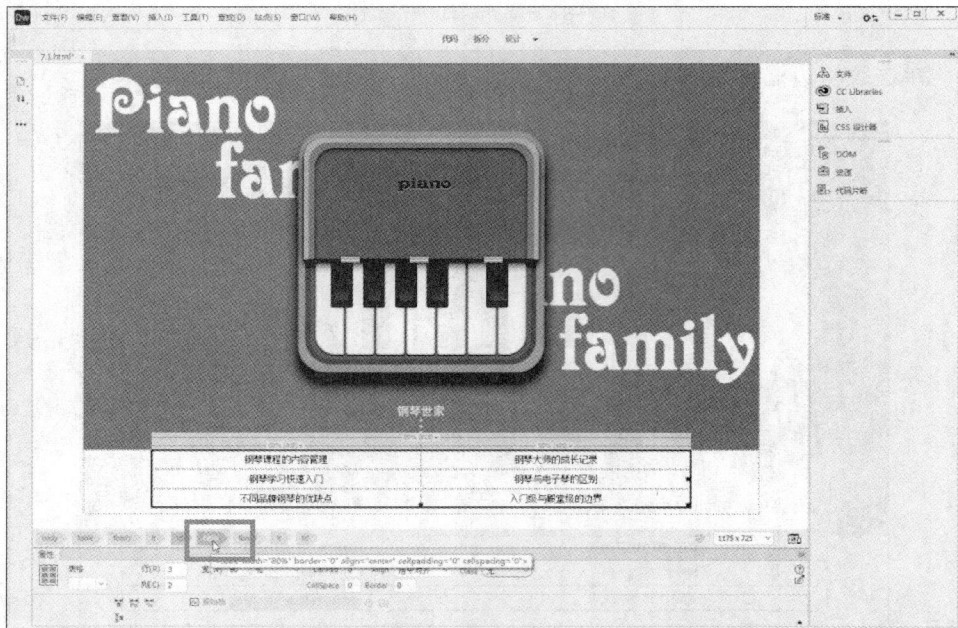

图7-11 单击<table>标签

活动2 掌握选择行或列的方法

选择表格的行或列有以下两种方法。

◇ 将鼠标指针移至要选择的行首或列顶，当鼠标指针形状变为黑箭头时，单击即可选择行或列，如图7-12和图7-13所示。

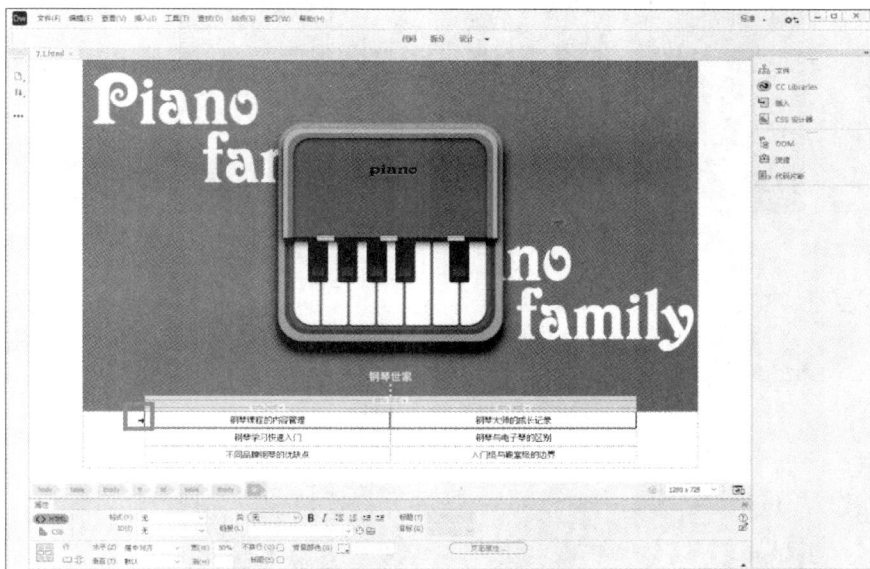

图7-12 单击选择行

图7-13 单击选择列

◇ 按住鼠标左键不放从左至右或者从上至下拖曳，即可选择行或者列，如图7-14和图7-15所示。

图7-14 拖曳选择行

图7-15 拖曳选择列

活动3 掌握选择单元格的方法

选择表格中的单元格时，可以选择单个单元格，也可以选择多个单元格。选择单元格有如下多种选择方法。

✦ 按住"Ctrl"键，然后单击要选择的单元格即可。

✦ 将鼠标指针移到要选中的单元格中并单击，按住"Ctrl+A"组合键，即可选中该单元格。

✦　将光标置于要选择的单元格中，执行菜单栏中"编辑/全选"命令，即可选中该单元格。

✦　将光标置于要选择的单元格中，单击文档窗口左下角的<td>标签，即可将单元格选中。

✦　按住"Shift"键不放并单击需选择的多个单元格中的第一个单元格和最后一个单元格，可以选择连续的单元格，如图7-16所示。

图7-16　选择连续的单元格

✦　按住"Ctrl"键不放并单击需选择的多个单元格，可以选择不连续的单元格，如图7-17所示。

图7-17　选择不连续的单元格

任务3　掌握表格的基本操作

创建表格后，用户要根据网页设置对表格进行处理，例如选择表格或单元格、调整表格单元格的大小、添加或删除行或列、拆分单元格、剪切/复制和粘贴表格内容等，熟练掌握表格的基本操作，可以提高制作网页的速度。

活动1　掌握调整表格高度和宽度的方法

在文档中插入表格后，若想改变表格的高度和宽度，可先选中该表格，在出现3个控制点后将鼠标指针移动到控制点上，当鼠标指针变成图7-18～图7-20所示的形状时，按住鼠标左键并拖动即可改变表格的高度和宽度，此时高度与宽度的调整不是精确的。

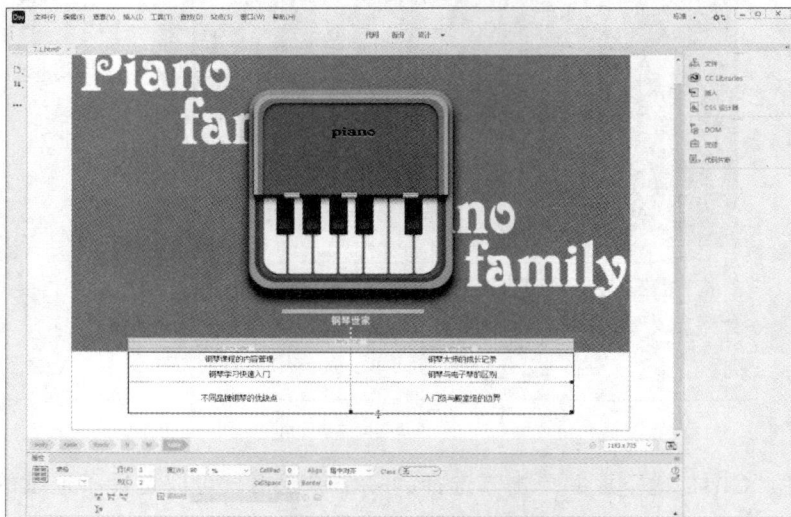

图7-18　改变表格高度

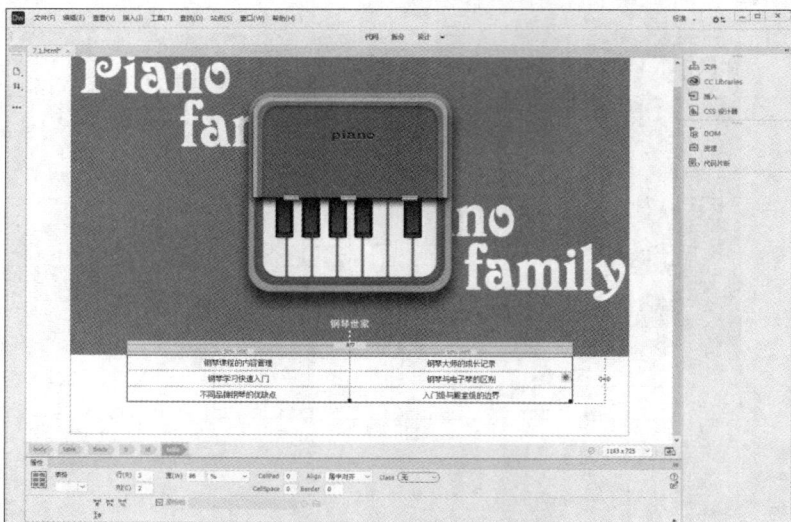

图7-19　改变表格宽度

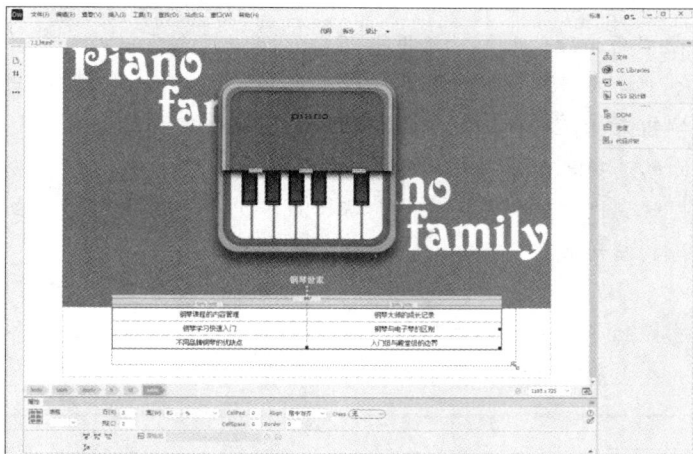

图7-20　同时改变表格的宽度和高度

> **实践经验**
>
> 如果想将表格的大小以精确数值的方式进行改变，可以在"属性"面板中更改表格的"宽"和"高"。

活动2　掌握添加、删除行或列的方法

执行菜单栏中"编辑/表格"子菜单中的命令，可以添加、删除行或列。添加行或列有以下方法。

◇　将光标置于相应的位置，执行菜单栏中"编辑/表格/插入行"命令，即可插入一行。

◇　将光标置于相应的位置，执行菜单栏中"编辑/表格/插入列"命令，即可插入一列。

◇　将光标置于相应的位置，执行菜单栏中"编辑/表格/插入行或列"命令，弹出"插入行或列"对话框，进行相应的设置，如图7-21所示。单击"确定"按钮，即可插入行或列，插入行的效果如图7-22所示。

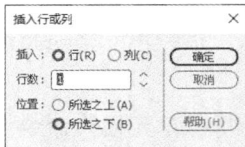

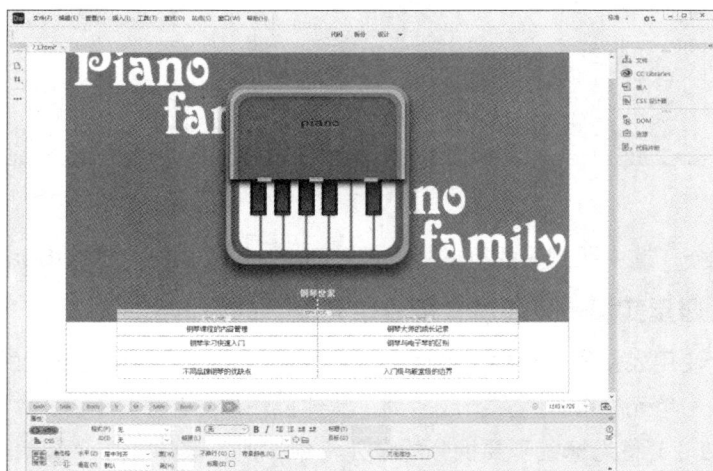

图7-21　"插入行或列"对话框　　　　　　　　　　　　图7-22　插入行的效果

> **实践经验**
>
> 　　在"插入行或列"对话框中可以进行如下设置。
>
> 　　◇ 插入：包含"行"和"列"两个单选按钮，一次只能选择其中一个单选按钮来插入行或者列。该选项组初始状态选择的是"行"单选按钮，所以下面的选项显示的是"行数"。如果选择的是"列"单选按钮，那么下面的选项就变成"列数"。在"行数"或"列数"文本框内可以直接输入要插入的行数或列数。
>
> 　　◇ 位置：包含"所选之上"和"所选之下"单选按钮。如果"插入"选项选择的是"列"单选按钮，那么"位置"选项后面的两个单选按钮就会变成"在当前列之前"和"在当前列之后"。

删除行或列有以下几种方法。

◇ 选中要删除的行或列，执行菜单栏中"编辑/表格/删除行（删除列）"命令，即可删除行或列，如图7-23所示。

图7-23　执行"删除行"或"删除列"命令

◇ 选中要删除的行或列，按"Delete"键或按"BackSpace"键即可删除。

课堂实操——通过"拆分单元格"命令拆出3列

使用表格的过程中，有时需要拆分单元格以得到自己所需的效果。拆分单元格是将选中的表格单元格拆分为多行或多列，具体操作步骤如下。

（1）将光标置于要拆分的单元格中，执行菜单栏中"编辑/表格/拆分单元格"命令，弹出"拆分单元格"对话框，参数设置如图7-24所示。

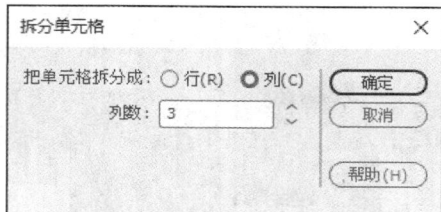

图7-24 "拆分单元格"对话框

（2）设置完毕后单击"确定"按钮，即可将单元格拆分成3列，如图7-25所示。

图7-25 拆分单元格后的效果

> 拆分单元格还有以下两种方法。
>
> ◇ 将光标置于要拆分的单元格中，单击鼠标右键，在弹出的菜单中选择"表格/拆分单元格"选项，弹出"拆分单元格"对话框，然后进行相应的设置。
>
> ◇ 单击"属性"面板中的"拆分单元格为行或列"按钮，它是创建复杂表格的重要工具。

活动3　掌握合并单元格的方法

合并单元格是将选中表格单元格的内容合并到一个单元格中。

要合并单元格，首先将要合并的单元格选中，然后执行菜单栏中"编辑/表格/合并单元格"命令，将多个单元格合并成一个单元格，如图7-26所示。或选中要合并的单元格后单击鼠标右键，在弹出的菜单中选择"表格/合并单元格"命令，将多个单元格合并成一个单元格。

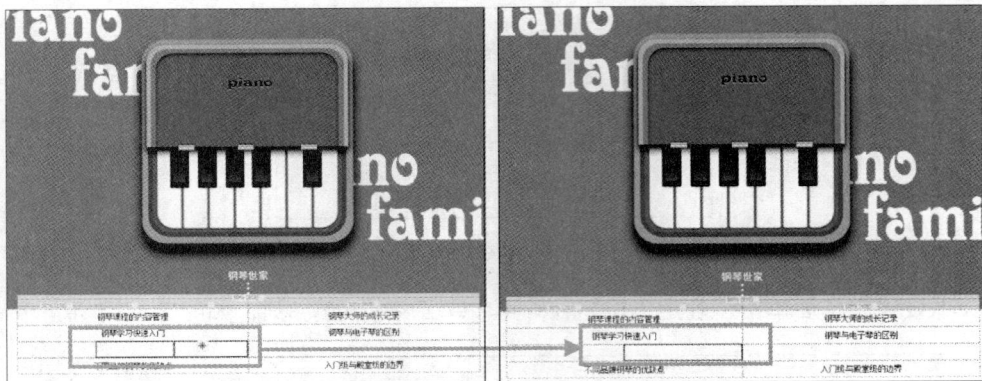

图7-26　合并单元格

实践经验　　选择多个相连的单元格后，在"属性"面板中单击"合并所选单元格，使用跨度"按钮⬚，同样可以合并所选的单元格，它也是创建复杂表格的重要工具，操作起来简单方便。

素养小课堂　　积累知识可以增强自己学习的信心，遇到难事不要气馁，要有克服各种困难的信心。

活动4　掌握清除表格的宽度/高度的方法

可清除单元格中多余的空白，让行宽与列高和单元格内容的宽度与高度刚好一致，例如插入的图片或输入的文字比单元格稍微小一点，此时就可以对表格进行清除宽度和高度的操作。选择整个表格，在"属性"面板中单击"清除列宽"按钮⬚，表格宽度自动缩减到与文本的宽度一致，如图7-27所示。

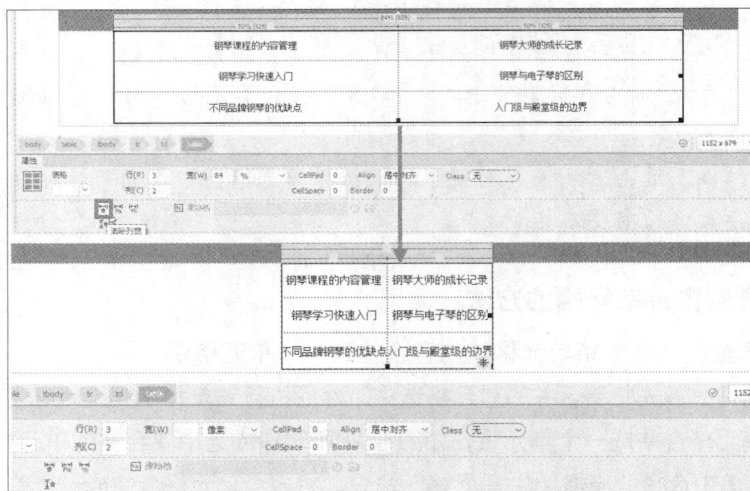

图7-27　清除列宽

选择整个表格，在"属性"面板中单击"清除行高"按钮，表格高度自动缩减到与文本的高度一致，如图7-28所示。

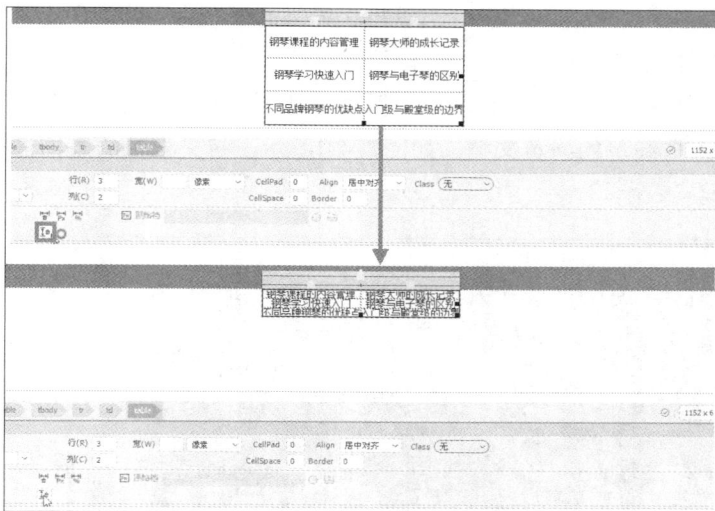

图7-28　清除行高

活动5　掌握调整边距、间距和边框的方法

边距、间距及边框等是网页表格排版的重要元素。先选择整个表格，接着在"属性"面板中设置"CellPad"（边距）为0、"CellSpace"（间距）为6、"Border"（边框）为10，如图7-29所示。

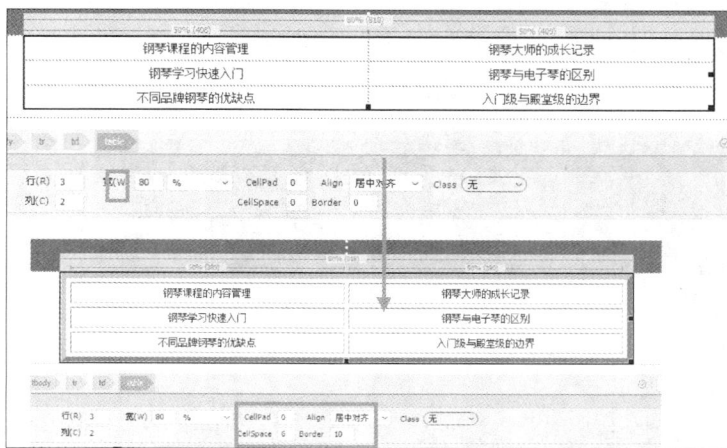

图7-29　调整边距、间距和边框

任务4　掌握插入表格式数据和排序表格的方法

为了更加快速而有效地处理网页中的表格和内容，Dreamweaver提供了多种自动处理功能，包括插入表格式数据和排序表格等。

活动1　掌握插入表格式数据的方法

Dreamweaver中插入表格式数据功能能够根据素材来源的结构，为网页自动建立相应的表格，并生成相应的表格数据。因此，当编排大篇幅的表格内容，而手上又拥有相关表格式素材时，使用该功能可使网页编排工作轻松很多。

我们可以将文本文件中的数据快速导入网页文档，下面通过实例讲解如何导入表格式数据。打开需要导入成绩单的网页文档，如图7-30所示。将文档中的表格进行居中对齐，效果如图7-31所示。

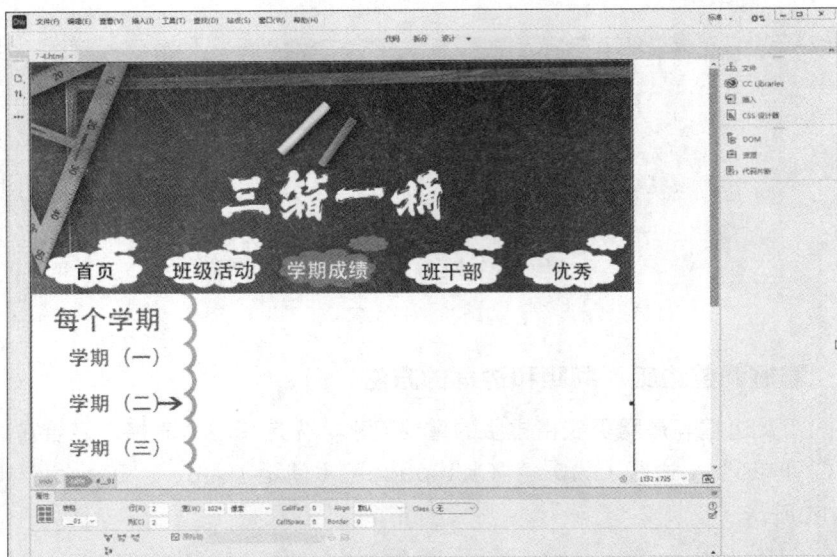

图7-30　打开的网页文档

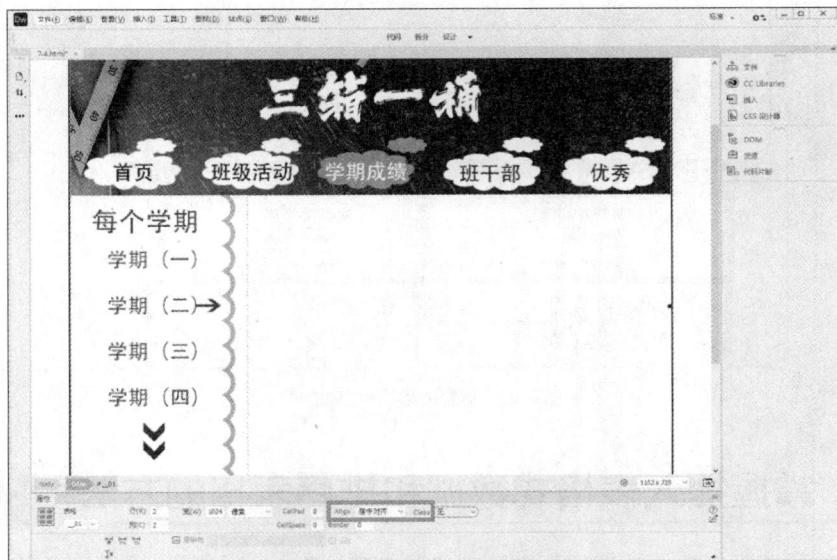

图7-31　居中对齐效果

将鼠标指针放置到第2行第2列中，在"属性"面板中设置"垂直"为"顶端"，按"Enter"键进行换行，效果如图7-32所示。执行菜单栏中"文件/导入/表格式数据"命令，弹出"导入表格式数据"对话框，如图7-33所示。

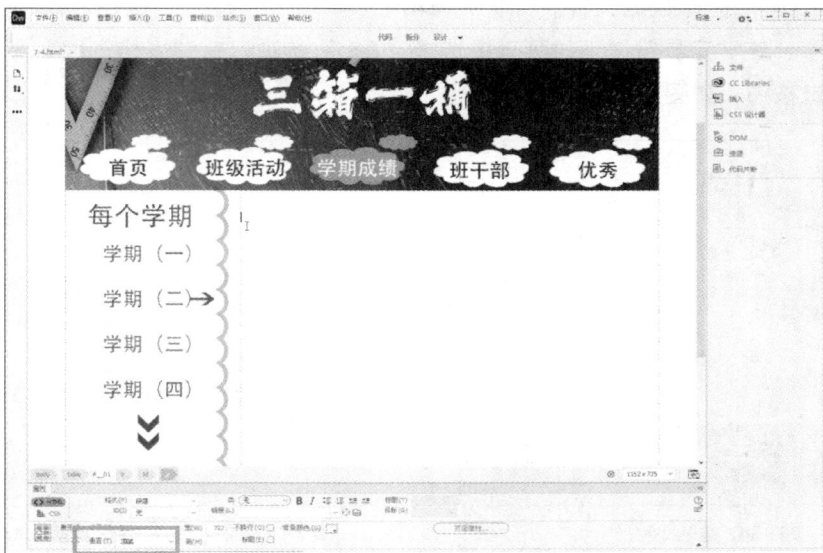

图7-32　设置"垂直"为"顶端"

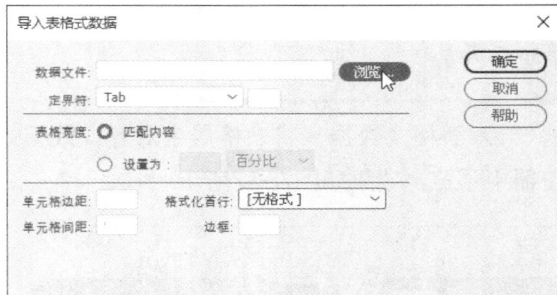

图7-33　"导入表格式数据"对话框

"导入表格式数据"对话框中的参数介绍如下。

◇　数据文件：输入要导入的数据文件的保存路径和文件名，或单击右边的"浏览"按钮进行选择。

◇　定界符：选择定界符，使之与导入的数据文件格式相匹配。其有"Tab""逗点""分号""引号""其他"5个选项。

◇　匹配内容：选中此单选按钮，可创建一个根据最长数据文件的宽度进行调整的表格。

◇　设置为：选中此单选按钮，可在后面设置表格的宽度及其单位。

◇　单元格边距：单元格内容和单元格边界之间的像素数。

◇　单元格间距：相邻的表格单元格之间的像素数。

    ◇　格式化首行：设置首行标题的格式。

    ◇　边框：以像素为单位设置表格边框的宽度。

    在"导入表格式数据"对话框中单击"数据文件"文本框右边的"浏览"按钮，弹出"打开"对话框，选择数据文件，如图7-34所示。单击"打开"按钮，添加到"数据文件"文本框中，在"定界符"下拉列表中选择"Tab"选项，在"表格宽度"栏中选中"匹配内容"单选按钮，如图7-35所示。

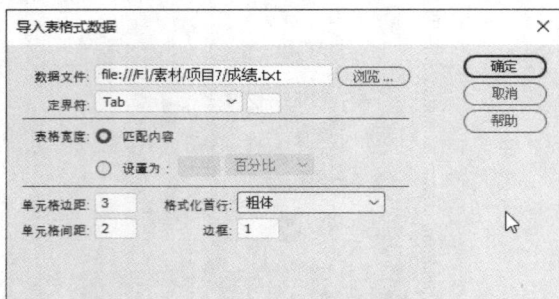

图7-34　选择数据文件　　　　　　　图7-35　设置"导入表格式数据"对话框

> **实践经验**　在导入表格式数据时要注意定界符必须跟文档中的符号对应，否则可能会导致表格格式混乱。

    单击"确定"按钮，导入表格式数据，将表格居中对齐，效果如图7-36所示。保存文档，按"F12"键在浏览器中预览，效果如图7-37所示。

图7-36　导入后的效果

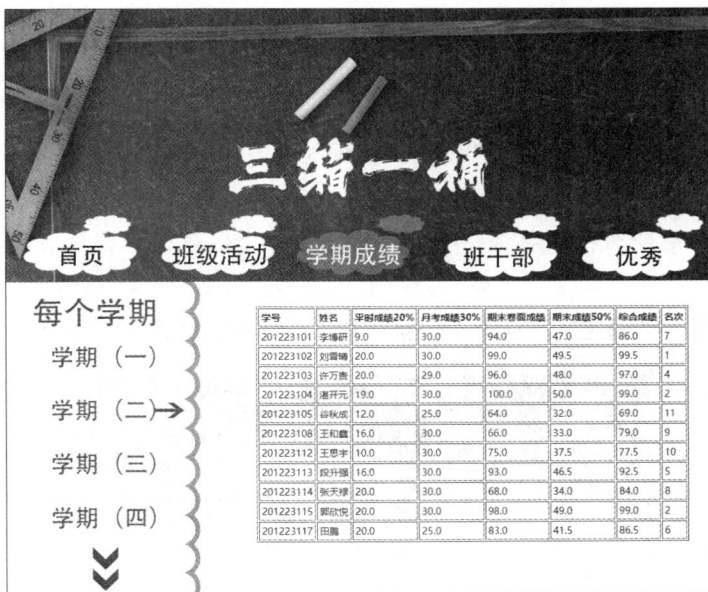

图7-37　预览效果

活动2　掌握排序表格的方法

　　排序表格功能主要针对具有格式的数据表格，根据表格列表中的数据进行排序。导入的数据原本以学号进行排序，下面我们将当前的数据按照名次进行重新排序。选中表格，执行菜单栏中"编辑/表格/排序表格"命令，弹出"排序表格"对话框，将"排序按"设置为"列8"，将"顺序"设置为"按数字顺序""升序"，如图7-38所示。

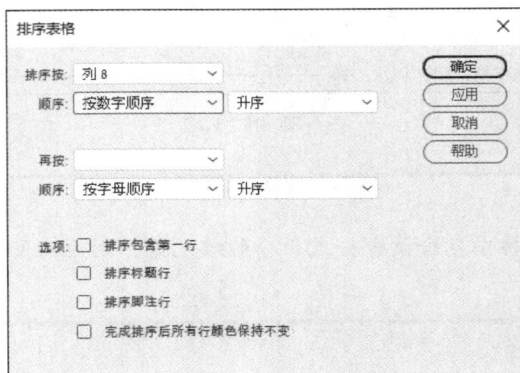

图7-38　"排序表格"对话框

　　"排序表格"对话框中各参数介绍如下。

　　◇　排序按：确定哪列的值用于表格排序。

　　◇　顺序：确定是按字母还是按数字顺序对列进行升序或降序排列。

　　◇　再按：确定在不同列上进行第二种排序的依据。在其后面的下拉列表中指定应用第二种排序方法的列，在下面的"顺序"下拉列表中指定第二种排序方法的具体内容。

◆ 排序包含第一行：指定表格的第一行是否包括在排序中。

◆ 排序标题行：指定使用与"body"行相同的条件对表格"thead"部分的所有行进行排序。

◆ 排序脚注行：指定使用与"body"行相同的条件对表格"tfoot"部分的所有行进行排序。

◆ 完成排序后所有行颜色保持不变：指定排序之后表格行属性应该与同一内容保持关联。

设置完毕后单击"确定"按钮，对表格进行重新排序，如图7-39所示。

图7-39 排序表格

> **实践经验**　如果表格中包含被合并或拆分的单元格，则无法使用表格排序功能。

综合实战——创建表格布局网页

实战训练要求

1. 创建表格。

2. 调整表格大小。

3. 插入图片。

4. 输入并设置文字。

实战素材

素材文件：素材\项目7\Images\7-5_01、7-5_02、7-5_03、7-5_04、7-5_05、7-5_06，如图7-40所示。

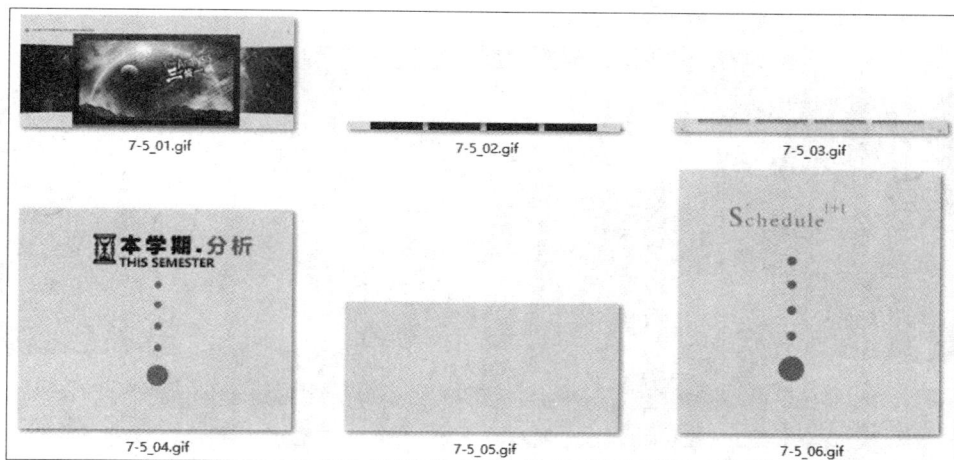

图7-40　切片素材

任务单

项目编号	7-1	项目名称	综合实战——创建表格布局网页
时间		地点	
目的： 实践网页设计中通过布局表格制作网页的一般流程。			
课堂实践： 设计主题、新建文档、插入表格、嵌套表格、设置文本的大小和颜色、以背景形式插入图片，完成网页的制作。			
考核标准： 1. 新建文档并对其进行储存。10 分 2. 插入表格。10 分 3. 嵌套表格。10 分 4. 以背景形式插入图片。10 分 5. 添加文字。10 分			
内容可粘贴：			
评价			
评分：		指导教师签字：	

实战效果图

效果文件：源文件\项目7\7-5，如图7-41所示。

图7-41　最终效果

综合实战——在图像中插入表格

实战训练要求

1. 创建表格。

2. 调整表格大小。

3. 插入图片。

4. 添加并设置文字。

实战素材

素材文件：素材\项目7\Images\7-6_01、7-6_02、7-6_03、7-6_04，如图7-42所示。

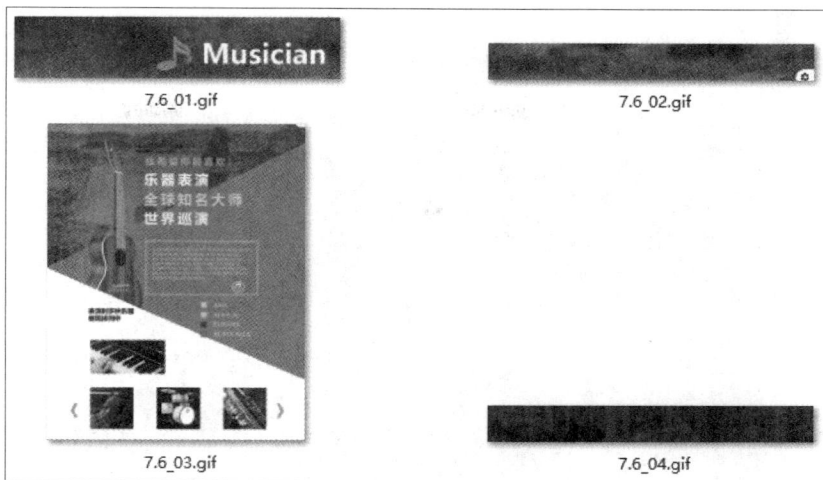

7.6_01.gif

7.6_02.gif

7.6_03.gif

7.6_04.gif

图7-42　切片素材

任务单

项目编号	7-2		项目名称	综合实战——在图像中插入表格
时间			地点	

目的：
实践网页设计中在图像中插入表格的一般流程。

课堂实践：
设计主题，新建文档、插入并编辑表格、在表格中插入背景图片、嵌套表格、输入文字，完成网页的制作。

考核标准：
1. 新建文档，插入表格。10 分
2. 编辑表格高度，插入背景图片。10 分
3. 嵌套表格并设置对齐。10 分
4. 键入文字，调整大小和颜色。10 分
5. 设置文字居中对齐。10 分

内容可粘贴：

评价	
评分：	指导教师签字：

实战效果图

效果文件：源文件\项目7\7-6，如图7-43所示。

图7-43　最终效果

课后习题

一、判断题

1. 要创建名次数据时，可使用表格排序功能。（　　　）

2. 表格和表格之间的距离称为"边距"。（　　　）

3. Dreamweaver必须借助其他软件才能美化表格格式。（　　　）

4. 插入表格后，单元格中还可以再插入表格。（　　　）

二、选择题

1. 下列不是表格所具有的功能有（　　　）。

   A. 调整行宽行高　　　　　　　　　　　B. 单元格的拆分与合并

   C. 自由移动表格　　　　　　　　　　　D. 排序表格数据

2. 导入表格式数据支持（　　　）文件。

   A. 纯文字文件　　　B. Excel　　　　　　C. Word　　　　　　　D. 以上皆可

3. 要导入Excel中的数据时，可执行（　　　）命令。

   A. 导入/Excel文件　　　　　　　　　　B. "文件/附加/Excel文件"

   C. "文件/读取/Excel文件"　　　　　　D. "文件/导入/Excel文件"

4. 新建表格时，（　　　）无法进行。

   A. 设置表格颜色　　B. 设置表格宽度　　　C. 设置单元格边距　　D. 设置行数

5. 想要重设表格的行数及列数，可在（　　　）中完成。

   A. "属性"面板　　　　　　　　　　　　B. "插入"面板

   C. "文件"面板　　　　　　　　　　　　D. "表格"面板

三、填空题

1. 执行菜单栏中"文件/导入/＿＿＿＿＿＿＿＿＿＿"命令，可以导入TXT格式的文本文件。

2. 若要让表格数据依序排列，可使用＿＿＿＿＿＿＿＿＿功能。

3. 要对单元格进行不连续选取时，要搭配"＿＿＿＿＿＿＿＿"键进行。

项目8
插入多媒体内容及创建超链接

职场情境

    一个吸引人的网页仅靠表格的布局、精彩的文字是不够的，在网页中插入多媒体内容、创建超链接，能够把当前的网页衬托得更加丰富多彩。在小艾对着计算机思考的时候，凯程来到她的身边，告诉她，超链接、漂亮的图片是网页的灵魂，图像有着丰富的色彩和表现形式，恰当地利用图像可以加深用户对网站的印象。这些图像是文本的解释及说明，可以使文本清晰易读，更加具有吸引力。目前的网页也不再是单一的文本，图像、声音和动画等多媒体技术逐渐地应用到网页之中。

    在网络中，超链接是将所有数据串联起来的基础。借助超链接，用户可以随心所欲地畅游网络世界而不受时空的限制。如果把网站比喻为住宅，那么超链接就是四通八达的道路系统，将整个网络世界连接起来。本项目主要介绍在网页中插入图像、音频和视频以及创建超链接的方法与技巧。

学习目标

❖ 掌握在网页中插入图像的方法。
❖ 掌握以背景的形式插入图像的方法。
❖ 掌握编辑图像的方法。
❖ 掌握插入鼠标经过图像的方法。
❖ 掌握插入音频和视频的方法。
❖ 了解超链接概念。
❖ 掌握各种链接方式。
❖ 不要只学不用，要做到实践与知识相结合。
❖ 要对自己有信心，信心是万事开头的基石，
    要做有信心、有能力的工作者。

任务1　掌握在网页中插入图像的方法

图像是网页构成中最重要的元素之一，美观的图像会加强网站的吸引力，同时也能加深用户对网站的印象。

活动1　掌握插入图像的方法

在Dreamweaver中创建表格并设置表格的宽度与高度后，将光标放置到其中的一个单元格，执行菜单栏中"插入/Image"命令，打开"选择图像源文件"对话框，找到需要插入的图像，如图8-1所示。单击"确定"按钮，选择的图像被插到光标所在的表格中，如图8-2所示。将光标放置到第2行中，再次选择一个图像并将其插到表格中，如图8-3所示。

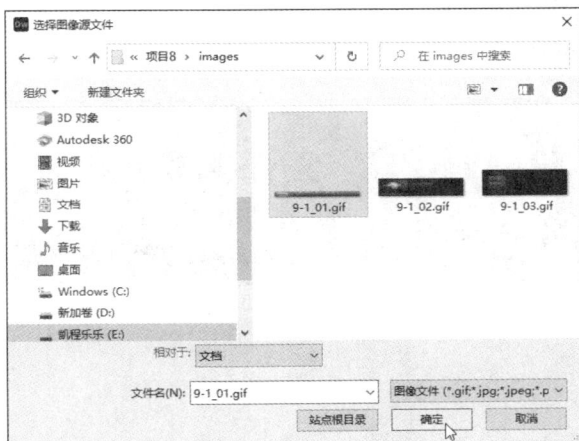

图8-1　"选择图像源文件"对话框

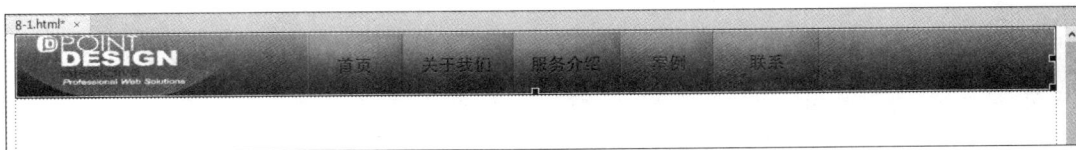

图8-2　插入图像

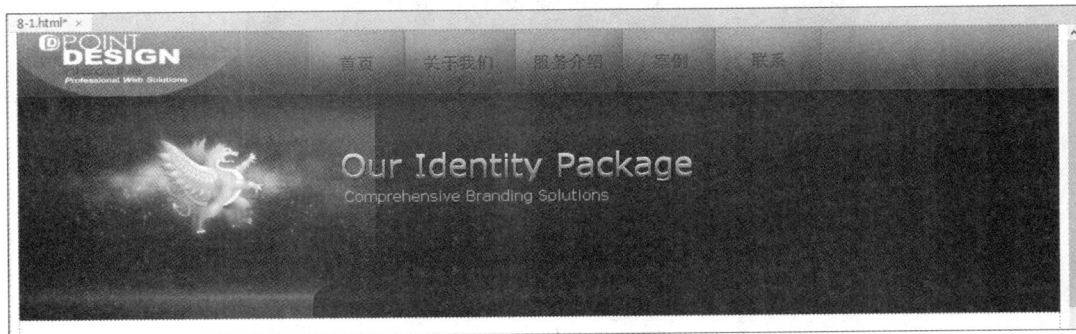

图8-3　再次插入图像

> 实践经验
>
> 　　在插入图像之前，先创建一个站点。如果能将要放置到网页上的图像复制到站点的"images"文件夹中，那么在网页中插入图像的步骤就变得非常简洁，而且不易出错。此外，也可以使用以下方法插入图像。
> 　　◇　执行菜单栏中"窗口/资源"命令，打开"资源"面板，在面板中选择图像文件后，用鼠标将其拖动到网页中合适的位置。
> 　　◇　在"插入"面板中选择"HTML"选项后，在弹出的下拉列表中选择"Image"选项，弹出"选择图像源文件"对话框，再选择需要的图像文件。

课堂实操——通过"background"命令插入背景图片

在Dreamweaver中插入图像时不但可以直接插入，还可以以背景的形式插入。以背景的形式插入图片的具体操作步骤如下。

（1）在Dreamweaver中选择之前插入的表格的第3行，如图8-4所示。

图8-4　选择表格第3行

（2）出现光标后，单击表格上方的"拆分"按钮，此时可以看到设计区和代码区，如图8-5所示。

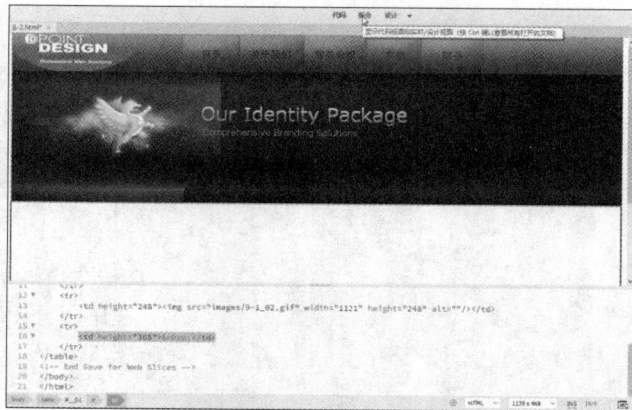

图8-5　查看设计区和代码区

（3）在代码区td后面单击，然后按空格键，在弹出的提示菜单中选择"background"命令，如图8-6所示。

图8-6　选择"background"命令

（4）在弹出的菜单中选择"浏览"命令，如图8-7所示。

图8-7　选择"浏览"命令

（5）弹出"选择文件"对话框，如图8-8所示。

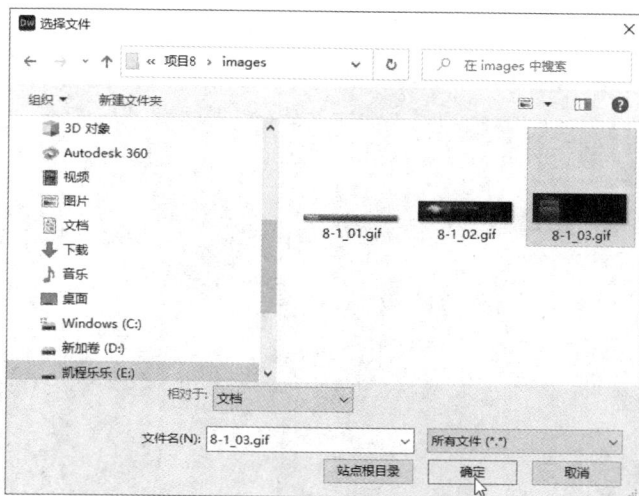

图8-8　"选择文件"对话框

（6）选择图像后单击"确定"按钮，此时代码区会显示背景图片地址，如图8-9所示。

```
 5    </head>
 6 ▼  <body bgcolor="#FFFFFF" leftmargin="0" topmargin="0" marginwidth="0" marginheight="0">
 7    <!-- Save for Web Slices (8-1.psd) -->
 8 ▼  <table width="1121" height="684" border="0" align="center" cellpadding="0" cellspacing="0" id="__01">
 9 ▼     <tr>
10         <td width="1121" height="71"><img src="images/8-1_01.gif" width="1121" height="71" alt=""/></td>
11      </tr>
12 ▼     <tr>
13         <td height="248"><img src="images/8-1_02.gif" width="1121" height="248" alt=""/></td>
14      </tr>
15 ▼     <tr>
16         <td background="images/8-1_03.gif" height="365"> </td>
17      </tr>
18    </table>
19    <!-- End Save for Web Slices -->
20    </body>
21    </html>
```

图8-9　显示背景图片地址

（7）回到设计区，我们会看到第3行单元格内出现了背景图，如图8-10所示。

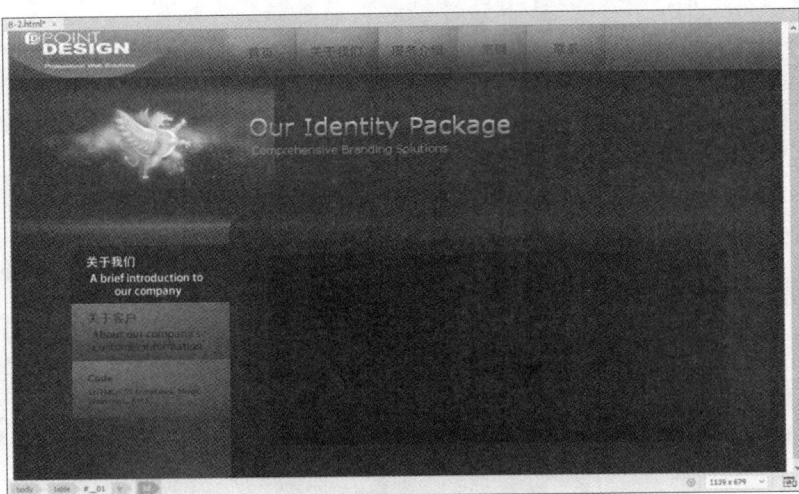

图8-10　显示背景图

（8）在插入背景的区域中单击，将光标定位在此单元格中，此时就可以在图片上输入文字了，如图8-11所示。

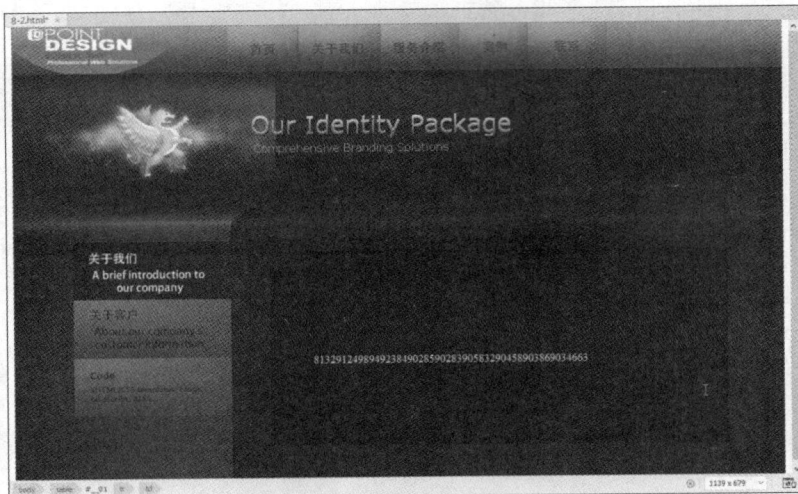

图8-11　在背景图片上输入文字

活动2　掌握将图像设置为整个网页背景的方法

背景图像有"单一图像"及"拼贴"两种效果类型,使用"拼贴"效果的图像文档虽然容量小,但效果较为单调。若要强调站点的风格,则可以考虑"单一图像"效果。默认情况下,被当成网页背景的图像是以"拼贴"效果显示的,在"属性"面板中单击"页面属性"按钮,打开"页面属性"对话框,单击"背景图像"右侧的"浏览"按钮,可以选择作为网页背景的图像,如图8-12所示。设置完成后单击"确定"按钮,可以看到当前网页背景以背景图像形式进行显示,如图8-13所示。

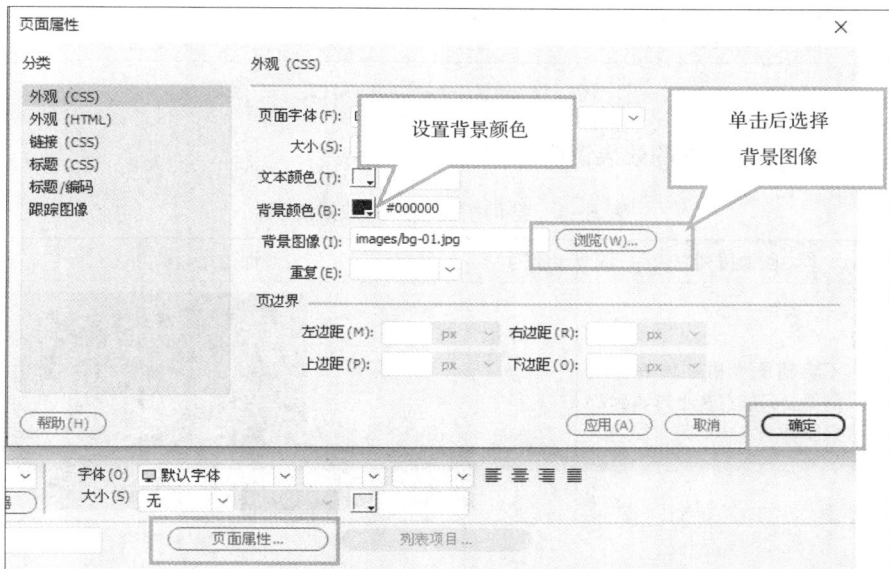

图8-12　添加背景图像

图8-13　显示的背景图像

在预设情况下,Dreamweaver会将指定的图像文件自动拼贴填满网页,不过用户也可以根据页面效果调整拼贴模式,在"属性"面板中单击"页面属性"按钮,打开"页面属性"对话框,在这里可以设置图像不同的显示方式,如图8-14所示。

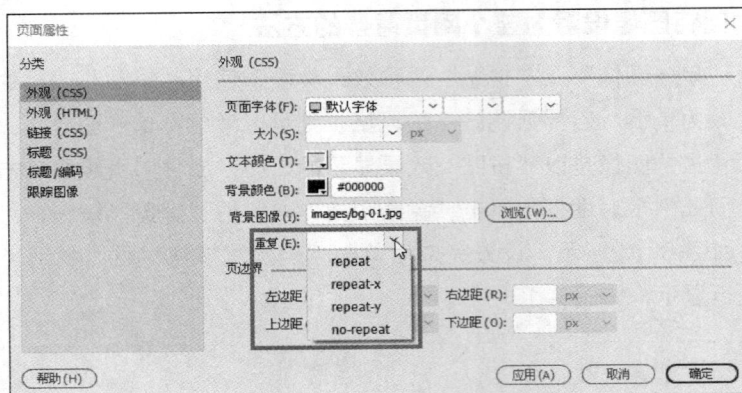

图8-14　设置图像不同的显示方式

表8-1为各种拼贴模式的效果说明。

表 8-1　各种拼贴模式的效果说明

设置类型	图像排列方式	画面预览
no-repeat （不重复）	不会将图像拼贴填满整个网页，只能在左上方看到背景图像	
repeat （重复）	将图像以拼贴方式填满整个网页	
repeat-x （水平重复）	将图像以水平方式进行拼贴，只能在页面上方看到背景图像	
repeat-y （垂直重复）	将图像以垂直方式进行拼贴，只能在页面左方看到背景图像	

任务2　掌握利用Dreamweaver编辑图片的方法

　　虽然图片及效果在网站设计初期就已经决定好了，但是在利用Dreamweaver进行整合时，还需要做一些修改或调整，以配合整个网页的风格。要调整或修改图片属性，通常是通过"属性"面板进行的。下面介绍利用Dreamweaver编辑图片的方法。

活动1　掌握调整图片大小的方法

　　将图片插入Dreamweaver后，如果图片大小需要调整，可以通过以下方式进行。

　　✧　单击插入的图片，在"属性"面板中通过修改数值改变图片大小，如图8-15所示。

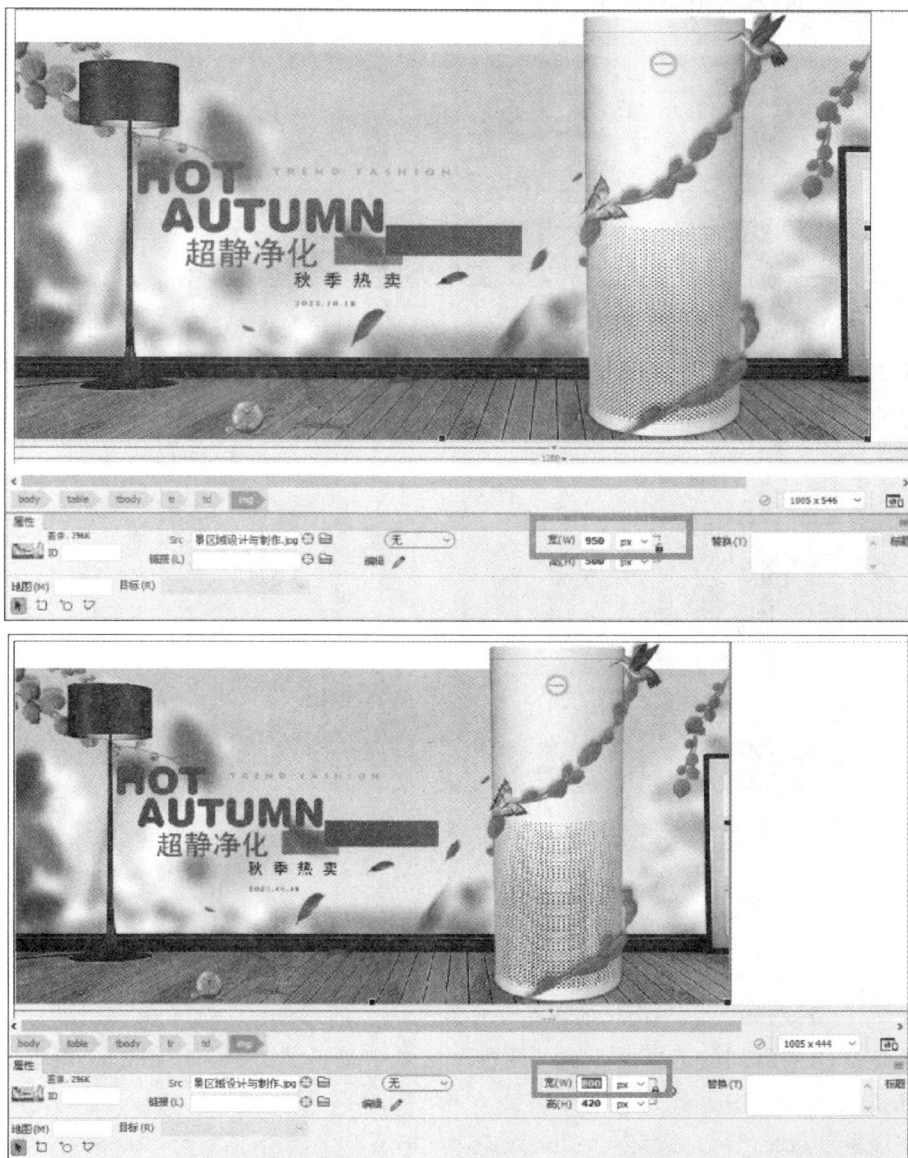

图8-15　通过修改数值改变图片大小

◇ 选择插入的图片，将鼠标指针放置到图像右下角的控制点上并拖曳，此时可以看到图片大小会随拖曳而改变，如图8-16所示。

图8-16　通过拖曳改变图片大小

课堂实操——通过"CSS设计器"面板为图片添加边框

添加边框可强化图像效果，用户可以通过"CSS设计器"面板完成边框的添加。

（1）选择插入的图片，打开"CSS设计器"面板，单击"+"按钮，在菜单中选择"在页面中定义"命令，如图8-17所示。

图8-17　选择"在页面中定义"命令

（2）选择"<style>"，单击"选择器"前面的"+"，添加一个选择器，如图8-18所示。

（3）选择刚刚添加的选择器，在"属性"区域中单击"边框"按钮▢，再单击"所有边"按钮▢，如图8-19所示。

（4）设置"color"为橘黄色、"width"为"6px"、"Style"为"solid"，如图8-20所示。

图8-18　添加一个选择器

图8-19　选择边框

图8-20　设置边框的颜色、粗细和样式

（5）选择"实时视图"或按"F12"键预览网页，可以看到图像边缘橙色的框线，如图8-21所示。

图8-21　预览边框效果

活动2　掌握添加阴影的方法

除了可以添加边框，用户也可以为图片添加阴影效果。在"box-shadow"属性中，设置阴影的垂直/水平偏移值、模糊半径、扩散半径、颜色等，如图8-22所示。此时可以通过"实时视图"功能预览阴影效果，如图8-23所示。此阴影不需要再通过绘图软件进行处理。

图8-22　添加阴影并设置属性

图8-23   预览阴影效果

活动3   掌握设置图片对齐方式的方法

当段落文字及图片并存时，如果希望文字能够沿着图片右侧或左侧依序排列，那么可以利用右键快捷菜单设置对齐方式，如选择右键快捷菜单中的"右对齐"命令，如图8-24所示；还可以在"CSS设计器"面板中进行对齐设置，选择图片后，在"属性"区域中单击"布局"按钮，在下拉列表中设置"float"选项，以此设置对齐方式，如图8-25所示。

图8-24   选择"右对齐"命令

图8-25　设置对齐方式

　　选择"左对齐"或"右对齐"命令后，会形成"文绕图"的编排效果，这是大多数网页中常用的编排方式，效果如图8-26和图8-27所示。

图8-26　左对齐的编排效果

图8-27　右对齐的编排效果

任务3　掌握插入鼠标经过图像的方法

在浏览器中查看网页，当鼠标指针经过图像时，该图像就会变成另外一幅图像；当鼠标指针移开时，该图像又会变回原来的图像。这种效果通过Dreamweaver可以非常方便地做出来。

课堂实操——通过"鼠标经过图像"命令设置鼠标经过图像效果

通过"鼠标经过图像"命令设置鼠标经过图像效果的具体操作步骤如下。

（1）打开网页文档，选择第1行第1列单元格，如图8-28所示。

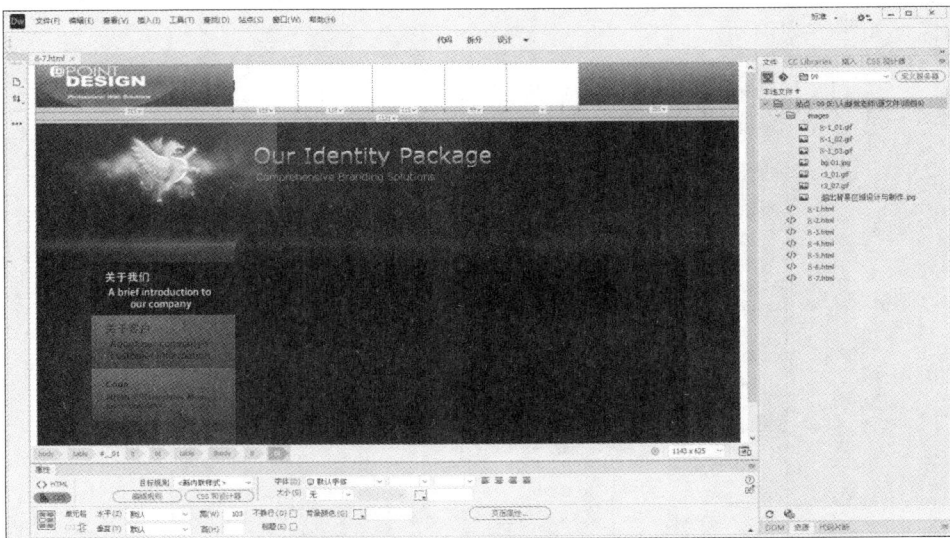

图8-28　网页文档

（2）执行菜单栏中"插入/HTML/鼠标经过图像"命令，打开"插入鼠标经过图像"对话框，如图8-29所示。

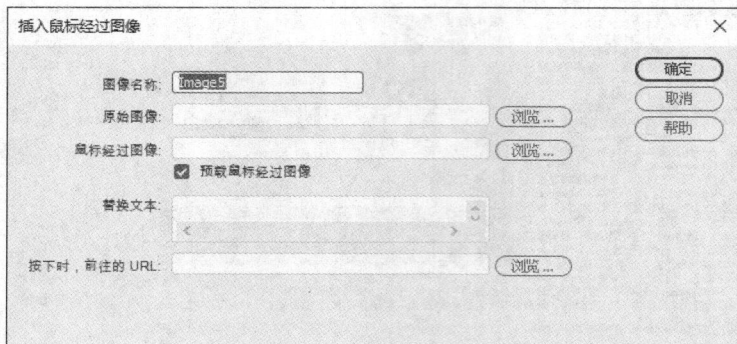

图8-29　"插入鼠标经过图像"对话框

"插入鼠标经过图像"对话框中的参数介绍如下。

✧　图像名称：设置该滚动图像的名称。

✧　原始图像：滚动图像的原始图像，在其后的文本框中输入此原始图像的路径，或单击"浏览"按钮，在打开的"原始图像"对话框中选择图像。

✧　鼠标经过图像：用来设置鼠标指针经过图像时，替换原始图像的图像。

✧　预载鼠标经过图像：选中该复选框，网页一打开就预下载替换图像到本地。当鼠标指针经过图像时，能迅速切换到替换图像；如果取消选中该复选框，当鼠标指针经过该图像时才会下载替换图像，此时可能会出现不连贯的现象。

✧　替换文本：用来设置图像的替换文本，当图像不显示时，显示该替换文本。

✧　按下时，前往的 URL：用来设置滚动图像上应用的超链接。

（3）单击"原始图像"后面的"浏览"按钮，打开"原始图像"对话框，选择要使用的原始图像，如图8-30所示。

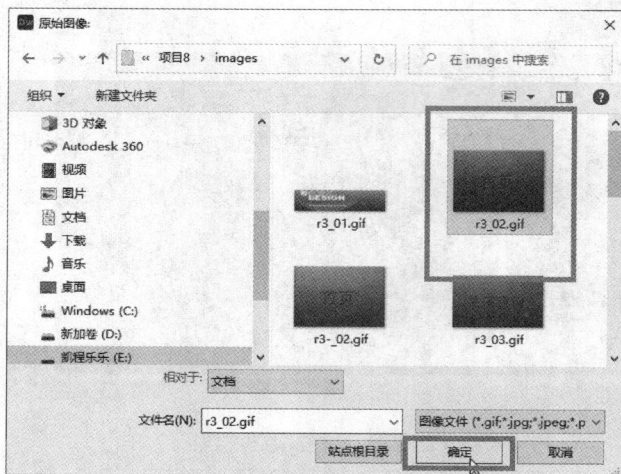

图8-30　选择要使用的原始图像

（4）单击"确定"按钮，再单击"鼠标经过图像"后的"浏览"按钮，打开"鼠标经过图像"对话框，选择替换图像，如图8-31所示。

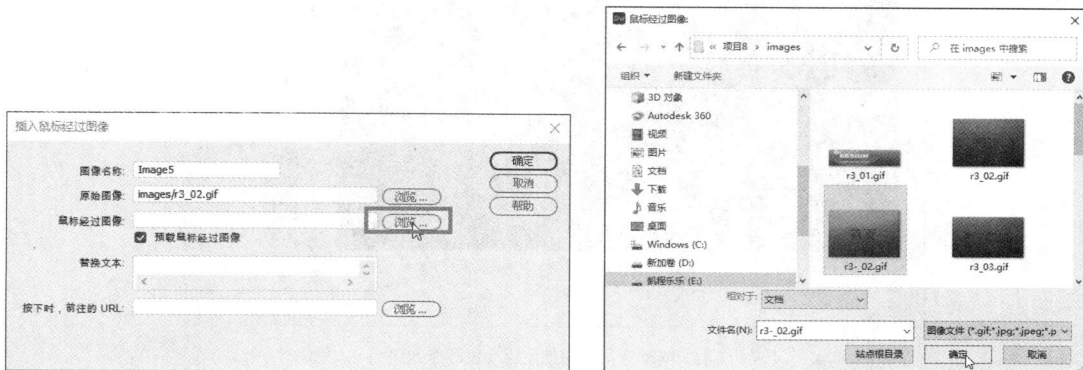

图8-31　选择替换图像

（5）单击"确定"按钮，此时已设置好原始图像与替换图像，如图8-32所示。

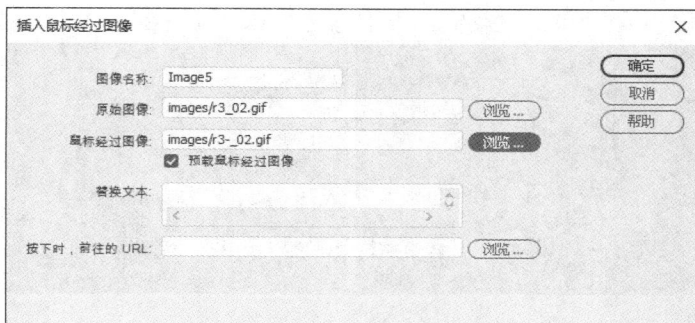

图8-32　设置好的原始图像与替换图像

（6）单击"确定"按钮，效果如图8-33所示。

图8-33　插入鼠标经过图像效果

（7）使用同样的方法将其他鼠标经过图像插入，效果如图8-34所示。

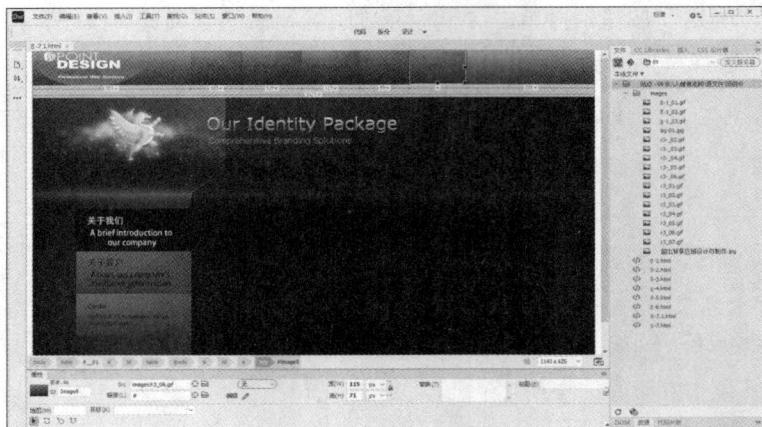

图8-34　插入其他鼠标经过图像效果

（8）按"F12"键预览当前网页，将鼠标指针移动到图像上时，会改变为另一张图像，效果如图8-35所示。

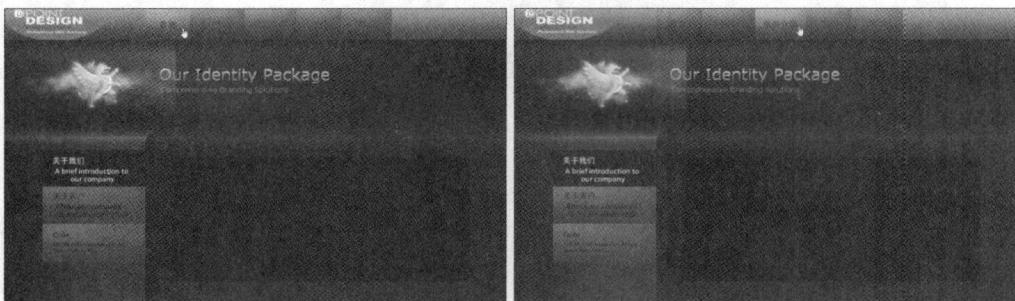

图8-35　预览效果

实践经验

如果觉得在Dreamweaver中根据切片创建表格的方法比较麻烦，我们可以在"将优化结果存储为"对话框中设置"格式"为"HTML和图像"，如图8-36所示。然后在Dreamweaver中将HTML文件直接打开，最后再对图像进行鼠标经过图像的设置。

图8-36　"将优化结果存储为"对话框

素养小课堂

万丈高楼是由千千万万块砖组成的，缺少任何一块，建设的高楼就会不稳，就有倒塌的危险。网页设计同理，结合之前学过的知识，将其运用到网页制作中。每个知识都是不可或缺的重要部分。

任务4 掌握插入音频和视频的方法

在网页中可以添加各种不同格式的音频和视频文件，但在添加音频和视频文件之前要考虑用途、文件大小、声音品质和浏览器差别等因素。

活动1 了解音频文件格式

音频文件格式常见的特点有：要在计算机内播放或者处理，就要对声音文件进行数模转换，这个过程同样由采样和量化构成。人耳所能听到的声音，最低的频率是20Hz，最高频率是20kHz，20kHz以上的声音是人耳听不到的，因此音频文件格式的最大带宽是20kHz，故而采样速率需要介于40kHz～50kHz，而且对每个样本都需要设置为更高的量化比特数。音频数字化的标准是每个样本16位-96dB的信噪比，采用线性脉冲编码调制（Pulse Code Modulation，PCM），每一量化步长都具有相等的长度。音频文件的制作正是采用这一标准。

音频文件格式日新月异，常见的音频文件格式包括CD格式、WAVE（*.WAV）、AIFF、AU、MP3、MIDI、WMA、RealAudio、VQF、OGGVobis、AAC、APE。

课堂实操——通过"bgsound"插入背景音乐

根据提示，可以在"代码"视图中插入代码。在输入某些字符时，将显示一个列表，列出完成条目所需要的选项。下面讲解根据代码提示完成背景音乐的插入，具体操作步骤如下。

（1）打开网页文档，如图8-37所示。

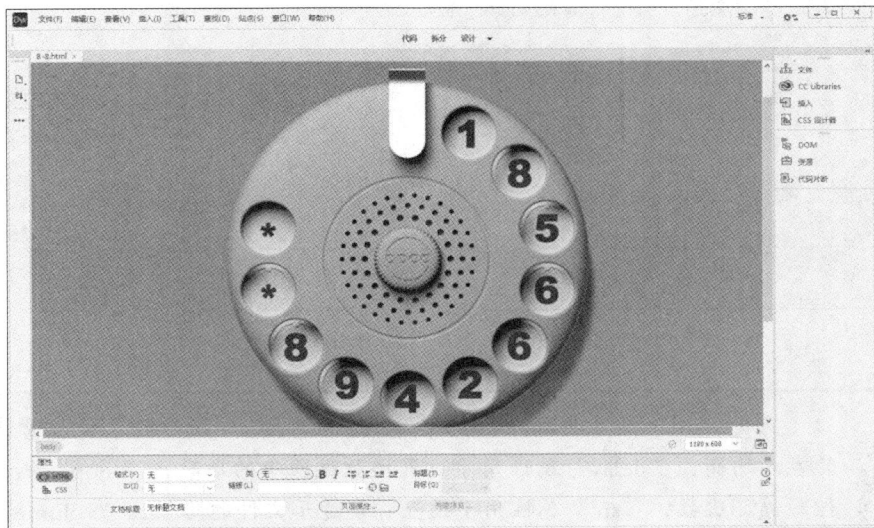

图8-37 打开网页文档

（2）切换到"代码"视图，找到<body>，并在其后面输入"<"以显示标签列表，向下滑动并选择"bgsound"标签，如图8-38所示。

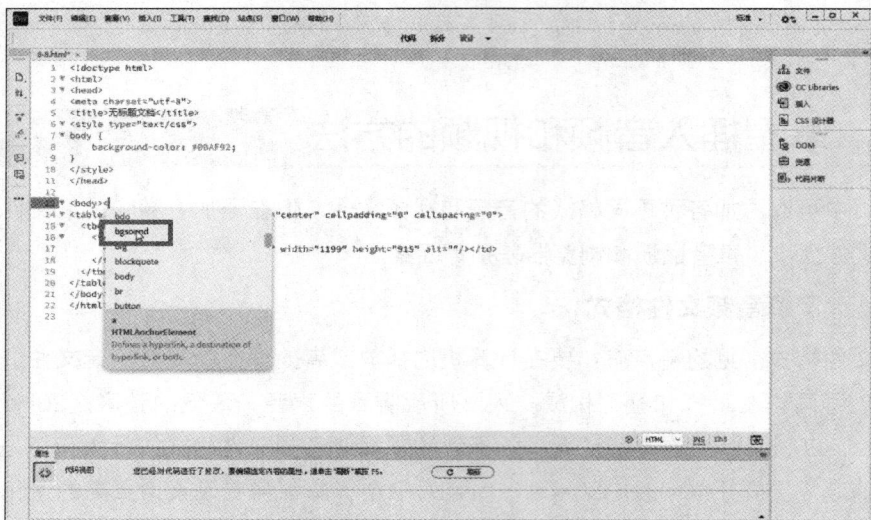

图8-38　选择"bgsound"标签

（3）系统插入该标签，如果该标签支持属性，则按空格键以显示该标签允许的属性列表，从中选择"src"属性，如图8-39所示。这个属性用来设置背景音乐文件的路径。

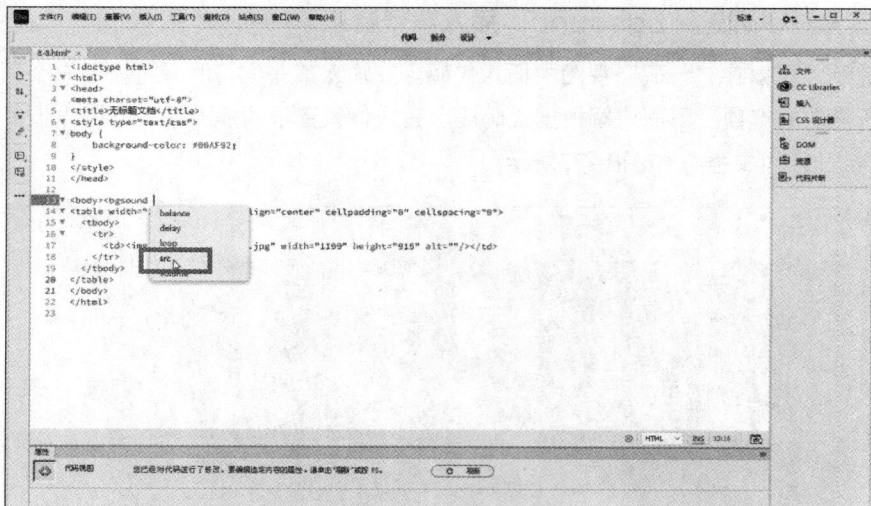

图8-39　选择"src"属性

实践经验　"bgsound"标签共有5个属性，其中"balance"属性用于设置背景音乐的左右均衡，"delay"属性用于设置播放过程中的延时，"loop"属性用于控制循环次数，"src"属性用于设置背景音乐文件的路径，"volume"属性用于调节音量。

（4）在弹出的列表中选择"浏览"选项，如图8-40所示。

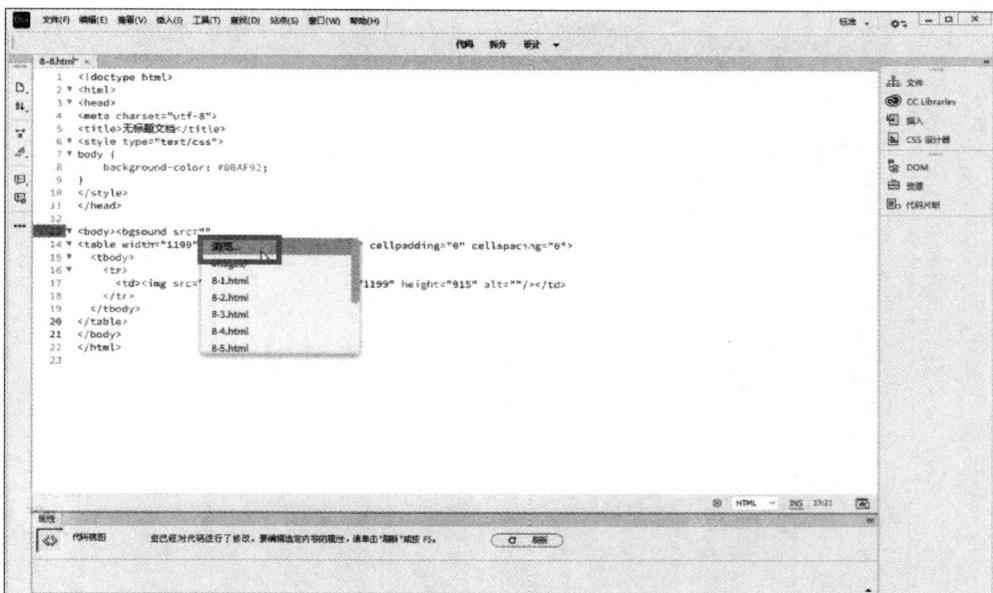

图8-40　选择"浏览"选项

（5）在弹出的"选择文件"对话框中选择一个.mp3格式的音乐文件，如图8-41所示。

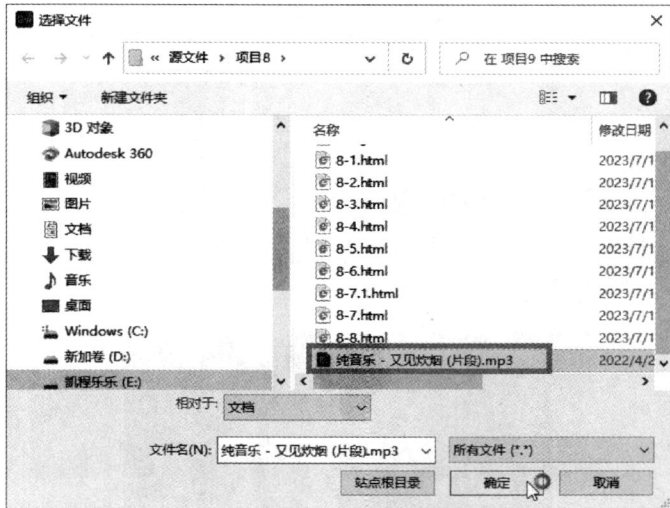

图8-41　选择音乐文件

（6）单击"确定"按钮，在新插入的代码后按空格键，在属性列表中选择"loop"属性，如图8-42所示。

（7）出现"-1"并将其选中，在最后的属性值后输入"></bgsound>"，如图8-43所示。

（8）保存文档，按"F12"键在浏览器中预览，添加背景音乐效果如图8-44所示。

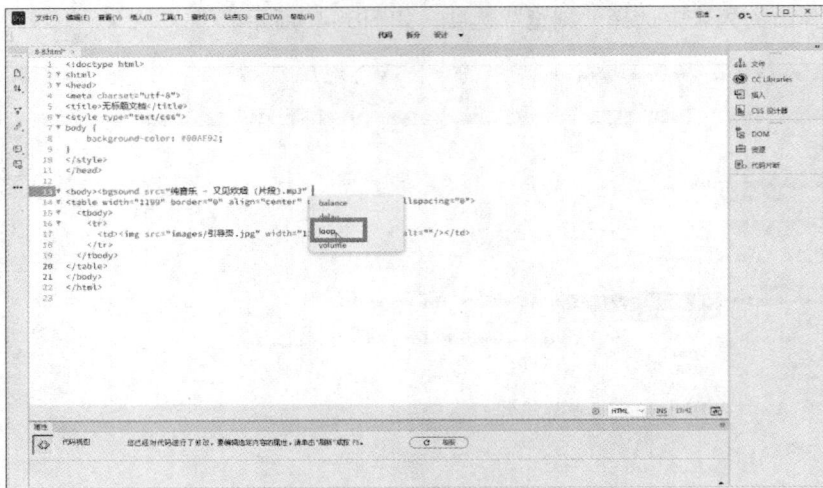

图8-42 选择"loop"属性

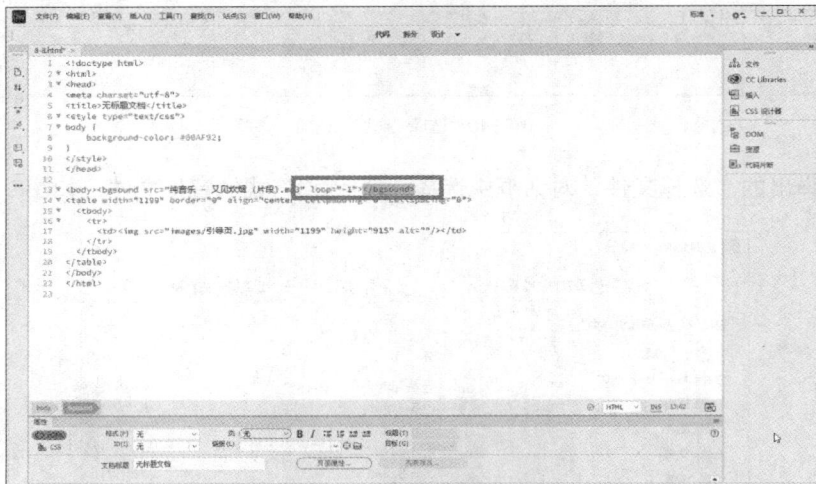

图8-43 输入"></bgsound>"

图8-44 添加背景音乐效果

实践经验　　插入的背景音乐文件容量不要太大，否则可能出现整个网页浏览完毕而音乐却没有下载完的情况。在背景音乐文件格式方面，MID格式是最常用的选择，它不仅拥有不错的音质，而且一般只有几十个千字节。

实践经验 　　浏览器可能需要某种附加的音频支持来播放音乐，因此，具有不同插件的不同浏览器所播放音乐的效果通常会有所不同。

活动2　掌握插入HTML5的视频的方法

　　HTML5是网页目前发展的趋势，将HTML5的视频添加到网站上，可以让网站具有娱乐效果。目前，HTML5支持的格式包括*.ogg、*.mp4、*.m4v、*.webm、*.ogv、*.3gp等。打开一个网页后，将光标放置到中间的表格中，设置"水平"为"居中对齐"、"垂直"为"居中"，如图8-45所示。执行菜单栏中"插入/HTML/ HTML5 Video"命令，页面自动加入此对象，选择该对象后，在"属性"面板的"源"文本框后面单击"浏览"按钮 🖿，如图8-46所示。

图8-45　打开网页

图8-46　插入对象

　　系统会打开"选择视频"对话框，选择一个.mp4格式的视频文件，如图8-47所示。单击"确定"按钮，就可以将视频插到网页中，此时在"属性"面板中设置视频的尺寸、是否自动播放、重复，以及是否显示控件等属性，如图8-48所示。保存文档，按"F12"键在浏览器中进行预览，效果如图8-49所示。

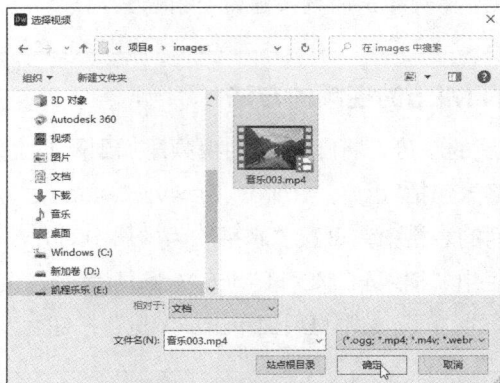

图8-47 选择视频文件

图8-48 设置插入视频的属性

图8-49 预览效果

任务5 　了解超链接概念

超链接是一种允许网页或文件之间相互连接的元素，包括图像和多媒体文件，还可以指向电子邮箱地址或程序。当访问者单击超链接时，可根据目标的类型执行相应的操作。

要正确创建链接，就必须了解链接与被链接文档之间的路径。每个网页都有一个唯一的地址，称为URL。当在网页中创建内部链接时，一般不会指定链接文档的完整URL，而是指定当前文档或站点根文件夹的相对路径。路径可分为绝对路径和相对路径。

1．了解绝对路径

绝对路径是包括服务器规范在内的完全路径。不管源文件处在什么位置，通过绝对路径都可以非常精确地将目标文档找到，除非它的位置发生变化，否则查找不会失败。

采用绝对路径的优点是它同链接的源端点无关。只要网站的地址不变，则无论文档在站点中如何移动，都可以正常实现跳转而不会发生错误。另外，如果希望将文件链接到其他站点上，就必须使用绝对路径。

采用绝对路径的缺点是这种方式的链接不利于测试。如果在站点中使用绝对路径，那么要想测试链接是否有效，就必须在 Internet 服务器端对链接进行测试。

2．了解相对路径

相对路径也叫文档相对路径，对于大多数本地链接来说，是最适用的路径。当前文档与所要链接的文档处于同一文件夹内时，相对路径特别有用。相对路径还可以链接到其他文件夹中的文档，方法是利用文件夹的层次结构，指定从当前文档到所要链接文档的路径。

任务6 　掌握各种链接方式

超链接不仅用来链接网址及页面，还具有链接电子邮件、文件下载及热区等其他形式的链接效果。只有先了解各种超链接的功能，才能根据需求选用合适的超链接。

活动1 　掌握内部链接

内部链接的作用是链接到同一网站中的其他页面，让浏览者可以浏览其他页面中的数据。

1．创建文字超链接

文字超链接是最基本的链接方式。输入链接文字时可在每组文字间加入空白及分隔线，这样不仅看起来美观，同时也可避免单击时的困扰。新建一个网页文档，输入6组链接文字，将第一组文字进行选取，单击"属性"面板中"链接"后面的"浏览文件"按钮，如图8-50所示。弹出"选择文件"对话框，选择文字对应的网页，如图8-51所示。单击"确定"按钮，完成文字超链接的创建，效果如图8-52所示。

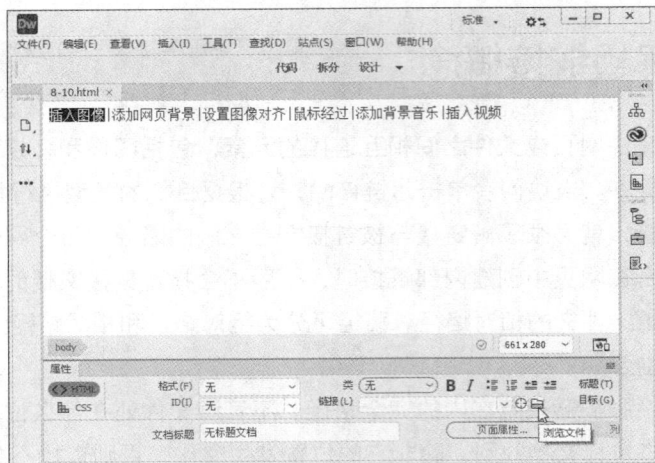

图8-50 单击"浏览文件"按钮

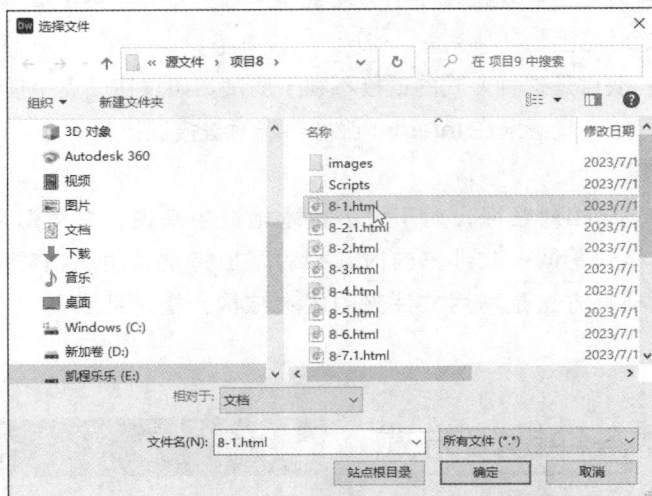

图8-51 选择文字对应的网页

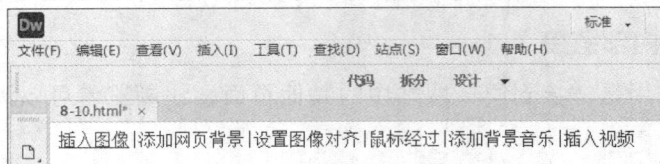

图8-52 完成文字超链接的创建效果

2. 使用"插入"面板中的超链接功能

接下来讲解如何通过"插入"面板插入超链接。新建空白文档，在"插入"面板中选择"HTML"选项后，单击"Hyperlink"按钮，如图8-53所示。弹出"Hyperlink"对话框，输入文本后，在"链接"后面设置要链接的文件，如图8-54所示。设置完毕后单击"确定"按钮，完成文字超链接的创建，如图8-55所示。

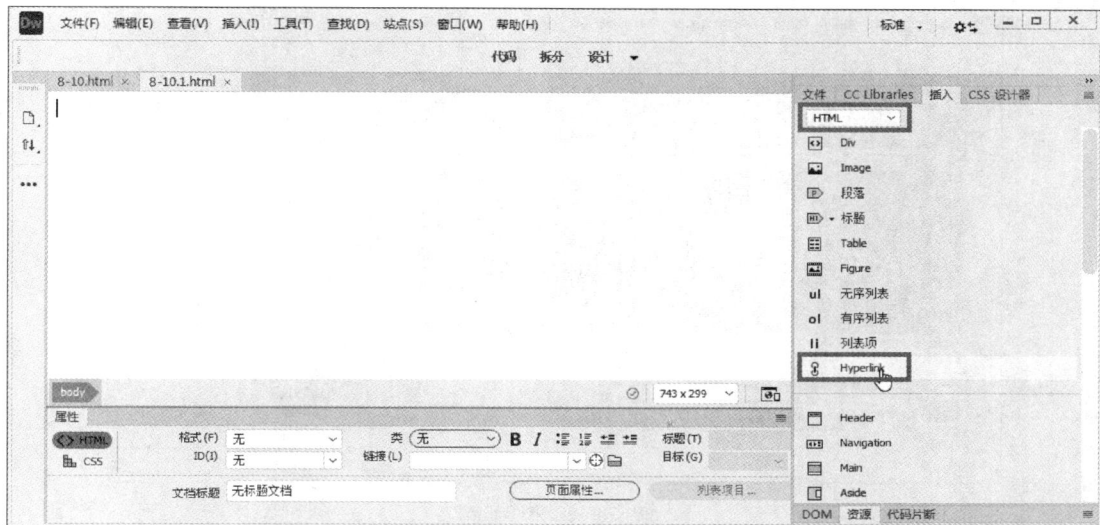

图8-53 单击"Hypelink"按钮

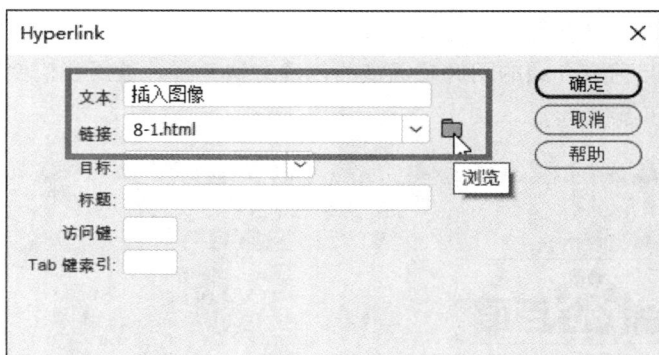

图8-54 "Hyperlink"对话框

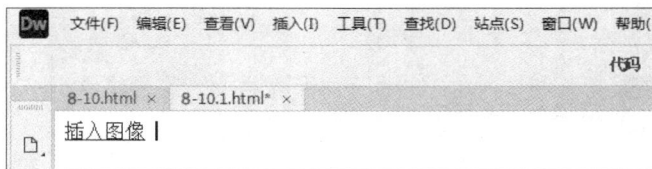

图8-55 创建的文字链接

3. 创建图像超链接

当浏览网页，鼠标指针经过图像时，会出现一个手形图标，提示浏览者这是带链接的图像。此时单击，会打开所链接的网页，这就是图像超链接。运用图片创建超链接的做法和文字超链接的创建方法相同，都是通过"属性"面板设置的。在打开的网页文档中选择一个需要创建超链接的图像，然后单击"属性"面板中"链接"后面的"浏览文件"按钮，选择一个链接文档即可，如图8-56所示。

图8-56 创建图像超链接

活动2 掌握外部链接

外部链接是指连接到其他网址，目前有很多网站会互相链接，以增大网站的曝光率。创建外部链接的做法与前文介绍的图像超链接的创建方法一样。这里我们要链接到可进行搜索的百度首页，如图8-57所示。

图8-57 创建外部链接

活动3 掌握电子邮件链接

电子邮件链接提供了一个方便的通信方式，现在大多数商业网站提供了电子邮件链接，作为服务的一部分。

1．通过创建文字设置电子邮件链接

打开一个文档，在单元格空白处单击，执行菜单栏中"插入/HTML/电子邮件链接"命

令，或者在"插入"面板中直接单击"电子邮件链接"按钮，弹出"电子邮件链接"对话框，设置"文本"和"电子邮件"选项，如图8-58所示。设置完毕后单击"确定"按钮，即可创建电子邮件链接，如图8-59所示。

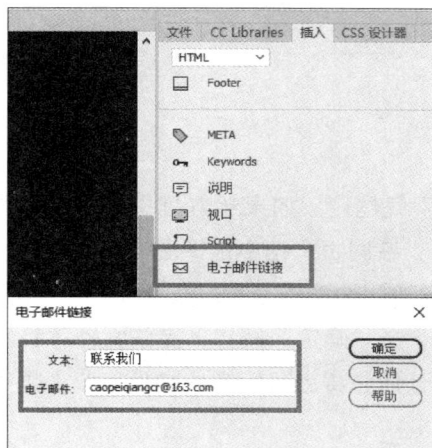

图8-58 "电子邮件链接"对话框

图8-59 创建的电子邮件链接

2. 通过图片设置电子邮件链接

用户也可以在图片上直接创建电子邮件链接，但是要在电子邮件地址前面加上"mailto:"，选择图片后，设置链接地址，如图8-60所示。

图8-60 设置链接地址

在广告邮件非常泛滥的今天，一些没有信件主旨的电子邮件很容易被误认为是广告邮件而被删除，为了避免此类的情形发生，用户可以在电子邮件链接中额外加上邮件的"信件主题"。其具体做法是在电子邮件链接的后面加上"?subject=读者意见"文字，而完整的写法为"mailto: caopeiqiangcr@163.com?subject=读者意见"，其中的"读者意见"4个字是这里的范例，如图8-61所示，读者也可以根据需要自行改成其他的文字。

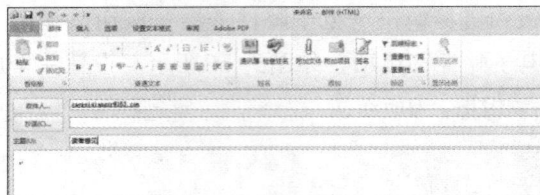

图8-61　添加邮件主题

活动4　掌握文件下载链接

如果要在网站中提供资料文件，就需要为其提供下载链接。如果超链接指向的不是一个网页，而是其他文件，例如.zip、.mp3、.exe文件等，在网页文档中选择图片或文本后，单击"属性"面板中"链接"后面的"浏览文件"按钮🗁，如图8-62所示。弹出"选择文件"对话框，选择需要下载的文件，如图8-63所示。单击"确定"按钮，完成文件下载链接的创建，储存后按"F12"键在浏览器中预览，单击该超链接就可以完成文件下载，效果如图8-64所示。

图8-62　单击"浏览文件"按钮

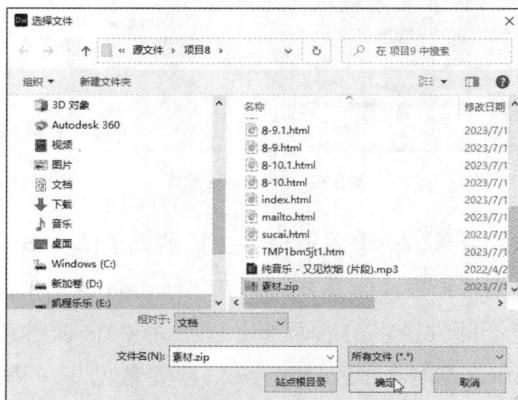

图8-63　"选择文件"对话框

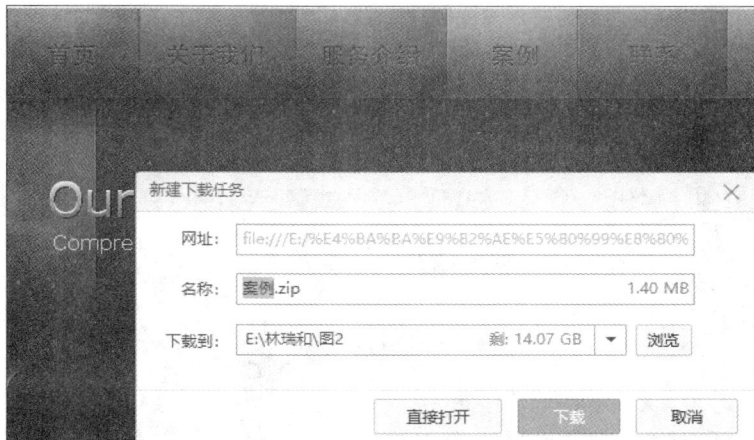

图8-64　下载文件

活动5　掌握图像地图创建热区链接

　　图像地图是一种网页导览结构，它能在单一图像上创建许多链接区域。设计一张导览图像，然后利用图像地图功能，在上面创建多个链接区域，如此既可让页面风格完整呈现，又同时拥有导览链接的功能。图像地图的链接区域有矩形、圆形及多边形3个外形，用户可以在"属性"面板上选择。打开一个网页文档，选择其中的图像，在"属性"面板中选择"矩形热点工具" ，在图像中的"国际线路"区域创建矩形热点区域，如图8-65所示。这里直接在"链接"文本框中输入"#"，将其作为空链接。选择"圆形热点工具" 、"多边形热点工具" ，创建热区并设置空链接，如图8-66所示。

图8-65　创建矩形热点区域

图8-66　创建的不同形状的热区

> 拓展知识　　前面介绍了各种超链接的创建方式，在Dreamweaver中还可进一步为超链接文字添加下画线、颜色等效果样式，让超链接与页面风格更具一致性。

> 拓展知识　　超链接是网页中不可缺少的一部分，通过超链接可以使网站中众多的网页构成一个有机整体。通过管理网页中的超链接，可以对网页进行相应的管理。

综合实战——创建鼠标经过图像并设置超链接

实战训练要求

1. 创建切片。
2. 创建表格，插入背景图。
3. 嵌入表格，设置大小。
4. 插入鼠标经过图像。
5. 插入图片。
6. 设置超链接。

实战素材

素材文件：素材\项目8\Beijing、导航，如图8-67所示。

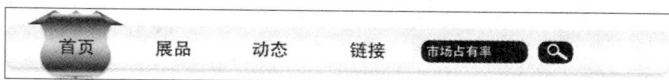

图8-67　实战素材

任务单

项目编号	8	项目名称	综合实战——创建鼠标经过图像并设置超链接
时间		地点	

目的：
实践网页制作中创建切片、创建表格、插入鼠标经过图像和设置超链接的一般流程。

课堂实践：
设计主题，打开文档、创建切片、新建并插入表格、嵌套表格、设置文本大小和颜色、以背景形式插入图片、设置超链接，完成一个导航区域的制作。

考核标准：
1. 打开文档，创建切片。10 分
2. 插入表格。10 分
3. 嵌套表格。10 分
4. 以背景形式插入图片。10 分
5. 设置超链接。10 分

内容可粘贴：

评价	
评分：	指导教师签字：

实战效果图

效果文件：源文件\项目8\zhsz，如图8-68所示。

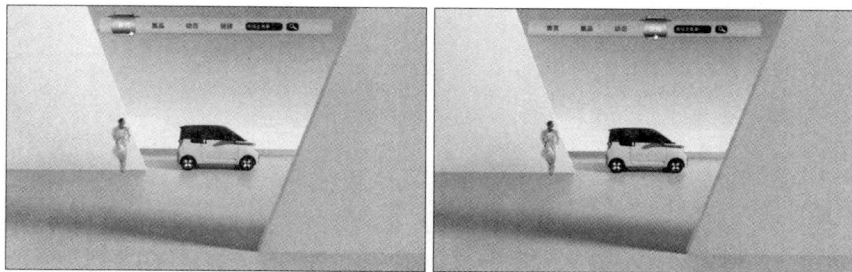

图8-68　最终效果

课后习题

一、判断题

1. 链接到其他网站的超链接，属于外部链接。（　　　）

2. 图像地图功能可以在同一张图像上创建多组超链接。（　　　）

3. 超链接的文字颜色可以自由设置。（　　　）

4. 互联网中，超链接是将所有数据串联起来的基础。（　　　）

5. 插入Dreamweaver网页中的图像，无法再进行尺寸大小的调整。（　　　）

6. 图像边框的颜色必须使用"CSS设计器"面板才可做变更。（　　　）

7. HTML5音频支持.mp3的格式。（　　　）

二、选择题

1. 电子邮件链接的前面要加上（　　　）。

　　A. ftp:　　　　　　　B. http:　　　　　　　C. mailto:　　　　　　　D. file:

2. 要在新窗口显示链接网页时，要将链接目标设置为（　　　）。

　　A. _top　　　　　　　B. _blank　　　　　　　C. _parent　　　　　　　D. _self

3. （　　　）不是图像地图所提供的链接形状。

　　A. 星形　　　　　　　B. 矩形　　　　　　　C. 圆形　　　　　　　D. 多边形

4. 链接到网站中其他网页的链接称为（　　　）。

　　A. 外部链接　　　　　　　　　　　　B. 内部链接

　　C. 电子邮件链接　　　　　　　　　　D. 文件下载链接

5. （　　　）不是HTML5视频所能支持的格式。

　　A. *.mpg　　　　　　B. *.ogg　　　　　　C. *.mp4　　　　　　D. *.m4v

三、问答题

1. 列举4种超链接类型。

2. 简述图像地图功能。

项目9
使用表单

职场情境

根据之前学习的内容，小艾可以制作一个属于自己的网页了，虽然内容很丰富，但是始终感觉少了点什么。没错！就是少了一些网页的交互内容，小艾正犯愁如何添加时，凯程说："小艾！你是不是想在网页中添加一些可用于交互的内容呀？"小艾说："对呀！你是怎么知道的呢？"凯程说："看你做的网页，好像就缺这个部分的内容了，哈哈！让我来告诉你如何添加你需要的内容吧。"这个内容其实就是表单，在网站中，表单是实现网页间数据传输的基础，其作用就是实现访问者与网站之间的交互功能。利用表单，可以根据访问者输入的信息，自动生成页面反馈给访问者，并且为网站收集访问者输入的信息。表单可以包含允许进行交互的各种对象，包括文本域、列表框、复选框、单选按钮、图像域、按钮以及其他表单对象，操作起来也非常简单。

学习目标

◇ 了解在网页中创建表单的方法。

◇ 掌握表单对象的添加方法。

◇ 了解网页设计的行业规范，在制作网页时能规避违规行为，形成良好的行为习惯。

◇ 懂得团队协作的重要性。

任务1　了解表单的创建

现在我们学习Dreamweaver的表单功能，只要学习表单在页面中的界面设计部分即可，至于后续的程序处理部分，还要交给专业的程序设计师。

活动1　了解表单

一个完整的表单设计应该很明确地分为两个部分——表单对象和应用程序，它们分别由网页设计师和程序设计师来完成。其过程是这样的：首先由网页设计师制作出一个可以让浏览者输入各项资料的表单页面，这部分属于显示器上可以看到的内容，此时的表单只是一个外壳而已，不具备真正工作的能力，需要后台程序的支持；接着由程序设计师通过 ASP 或者CGI来编写处理各项表单资料和反馈信息等操作所需的程序，这部分浏览者虽然看不见，但却是表单处理的核心。

表单用<form></form>标记对来创建，<form></form>标记对之间的部分都属于表单的内容。<form>标记具有"action""method""target"属性。

◇ "action"的值是处理程序的程序名，如<form action="URL">，如果这个属性是空值，则当前文档的 URL 将被使用，用户提交表单时，服务器将执行这个程序。

◇ "method"属性用来定义处理程序从表单中获得信息的方式，可选"GET"或"POST"中的一个。"GET"方式是处理程序从当前HTML文档中获取数据，这种方式传送的数据量是有限制的，一般限制在1KB以下。"POST"方式传送的数据比较大，它通过当前的HTML文档把数据传送给处理程序，传送的数据量要比使用GET方式多得多。

◇ "target"属性用来指定目标窗口或目标帧，可选当前窗口_self、父级窗口_parent、顶层窗口_top 和空白窗口_blank。

活动2　了解表单创建的方法

使用表单必须具备的条件有两个：一个是含有表单元素的网页文档；另一个是具备服务器端的表单处理应用程序或客户端脚本程序，以处理用户输入到表单中的信息。下面创建一个基础表单，新建一个空白文档并插入一个1行1列的表格，将"宽"设为800、"高"设为400，如图9-1所示。将光标置于文档中要插入表单的位置，执行"插入/表单/表单"命令，页面中会出现红色的虚线，这些虚线就是表单，如图9-2所示。

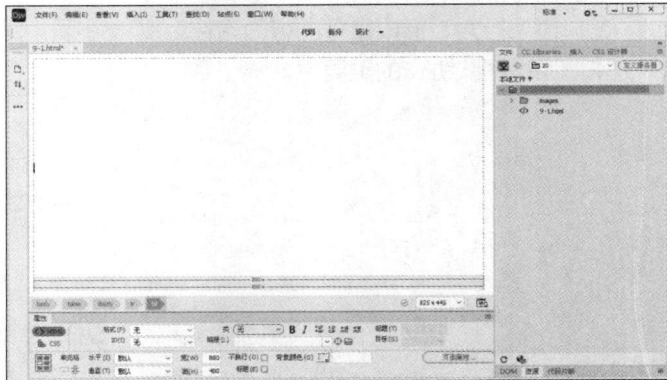

图9-1　插入表格

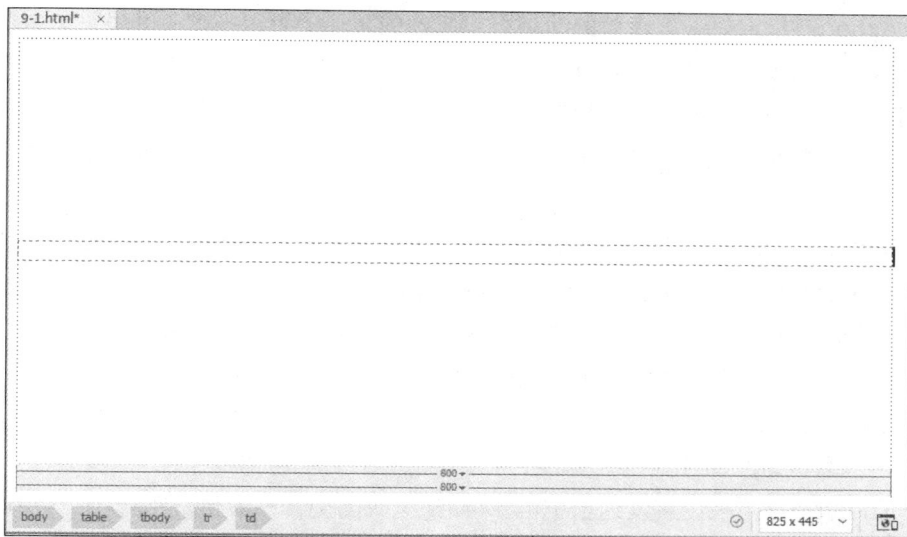

图9-2　插入的表单

> 实践经验
>
> 　　执行"插入/表单/表单"命令后，如果在页面中看不到红色虚线，可以执行菜单栏中"查看/设计视图选项/可视化助理/不可见元素"命令。

活动3　了解表单属性的设置

选中表单，在"属性"面板中设置表单的属性，如图9-3所示。

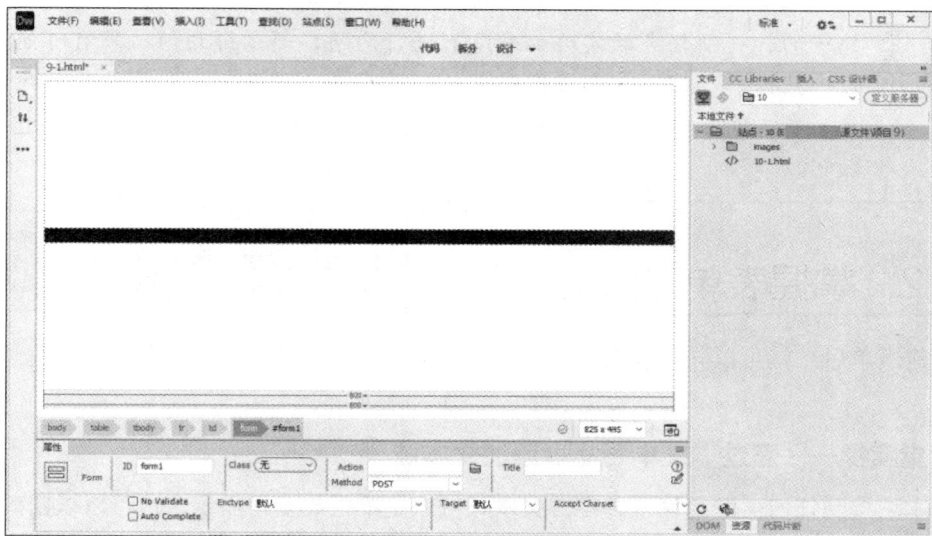

图9-3　设置表单的属性

在表单的"属性"面板中可以设置以下参数。

◆　ID：输入标识该表单的唯一名称。

✧ Action：指定处理该表单的动态页或脚本的路径。可以在"Action"文本框中输入完整的路径，也可以单击右侧的文件夹图标浏览应用程序。如果读者没有相关程序支持的话，也可以使用"E-mail"的方式传输表单信息，这种方式需要在"Action"文本框中输入"mailto:电子邮箱地址"，如"mailto:jsxson@sohu.com"，表示提交的信息将发送到该邮箱。

✧ Method：在"Method"下拉列表中，选择将表单数据传输到服务器的传送方式，包括3个选项。读者可以选择速度快但携带数据量小的"GET"方法，也可以选择携带数据量大的"POST"方法。一般情况下使用"POST"方法，这在数据保密方面也有好处。使用"HTTP post"方法发送数据，此方法将单个消息中的数据发送给服务器。使用"HTTP get"方法发送数据，此方法将表单域内容放置在"URL"查询字符串中。使用浏览器默认的方式，一般默认为"GET"。

✧ Enctype：用来设置发送数据的 MIME 编码类型，一般情况下选择"application/x-www-form-urlencoded"。

✧ Target：指定一个窗口，这个窗口中显示应用程序或者脚本程序，将表单处理完成后所显示的结果。_blank：反馈网页将在新窗口里打开。_parent：反馈网页将在父窗口里打开。_self：反馈网页将在原窗口里打开。_top：反馈网页将在顶层窗口里打开。

✧ Accept Charset：客户端通过发送该协商建议服务端使用该字符集发送响应结果。"UTF-8"是没有国家的编码，也就是独立于任何一种语言，任何语言都可以使用。

✧ Class：选择要定义的表单样式。

> 素养小课堂　人与人之间是需要相互沟通的，无论是学习还是工作，沟通都是不可缺少的，一项任务的实施如果没有进行沟通，那么得到的结果有可能不太好。就像一个网页如果没有交互功能的存在，就没有办法收录相关内容信息。在工作或学习时要多和任务方进行有效的沟通，以此使自己的工作更加顺利。

任务2　掌握表单对象的添加

创建表单后，就可以向表单中添加各种表单对象了，下面将分别介绍各种表单对象的添加方法。

课堂实操——通过"文本"命令添加文本域

文本域接受任何类型的输入内容。文本域可以是单行或多行显示，也可以以密码域的方式显示，在这种情况下，输入文本将被替换为星号或项目符号，以避免被人看到。单行文本域主要用于单行信息的输入，创建单行文本域的具体操作步骤如下。

（1）打开网页文档，将光标置于文档中要插入表单的位置，执行"插入/表单/表单"命令，在单元格中插入一个表单，如图9-4所示。

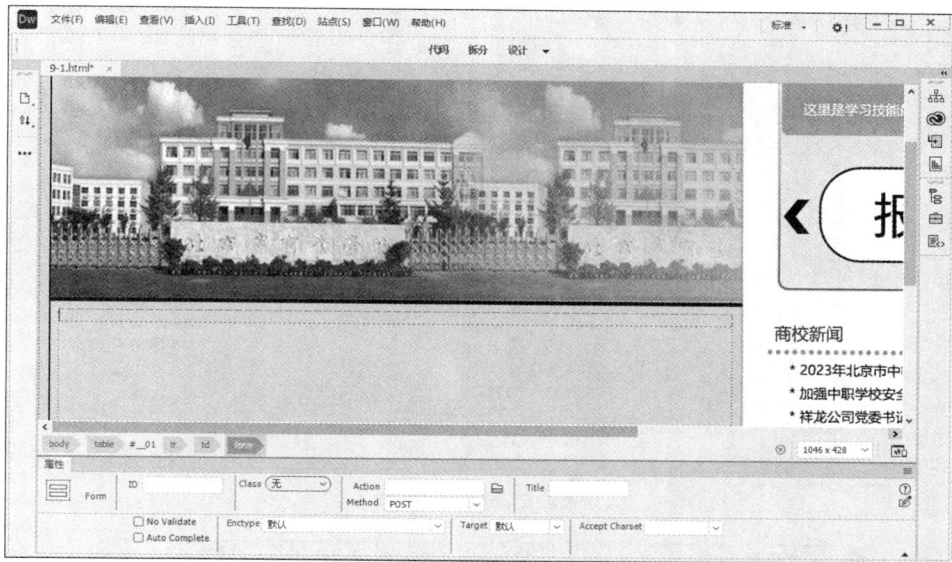

图9-4　插入表单

（2）将光标置于表单中，在表单中插入一个10行2列的表格，如图9-5所示。

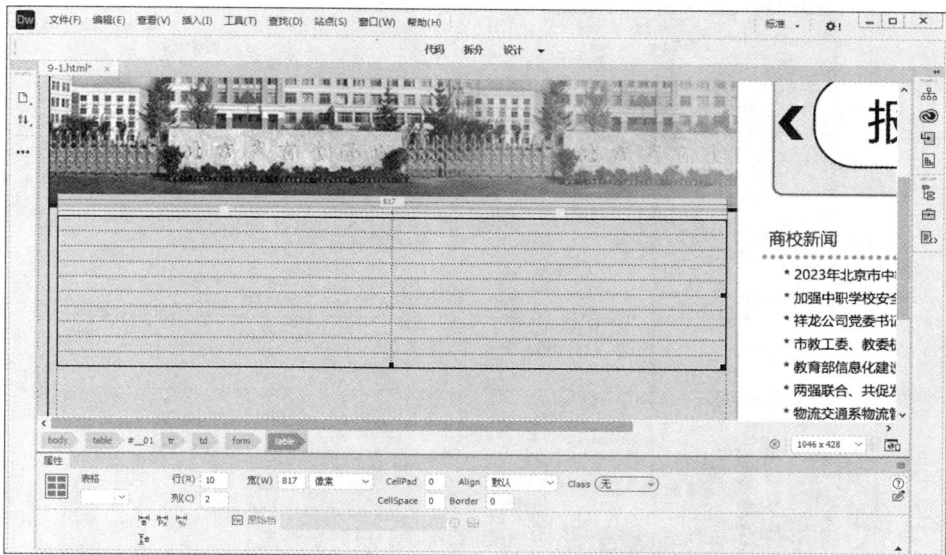

图9-5　插入表格

（3）调整表格宽度为"172"，将光标置于表格的第1行第1列单元格中，输入"报名学生姓名："，"大小"设置为14像素，"文本颜色"设置为黑色，如图9-6所示。

（4）将光标置于表格的第1行第2列单元格中，执行菜单栏中"插入/表单/文本"命令，插入文本域，如图9-7所示。

（5）将文本域前面的文字删除，选中插入的文本域，在"属性"面板中将"Size"设置为30、"MaxLength"设置为10，如图9-8所示。

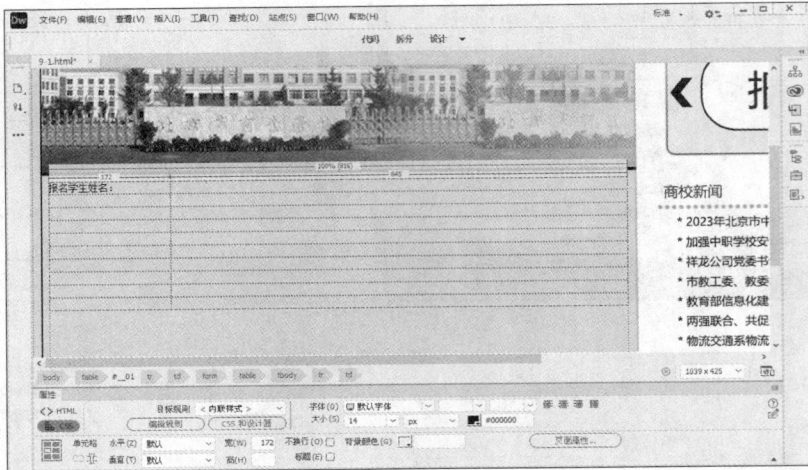

图9-6　输入并设置文本

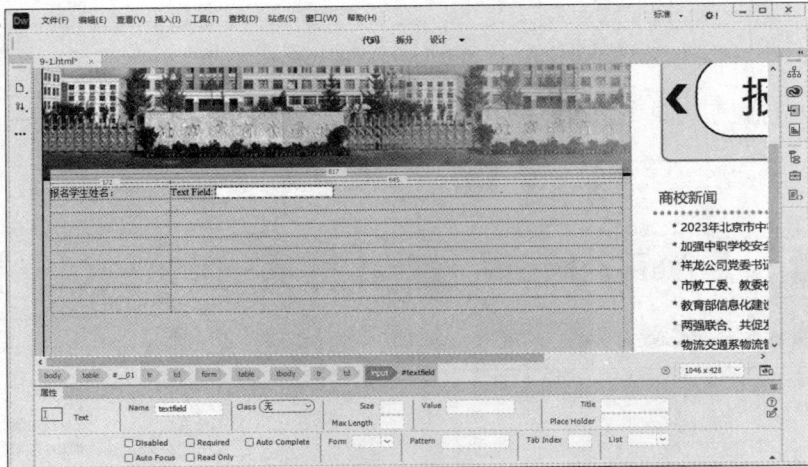

图9-7　插入文本域

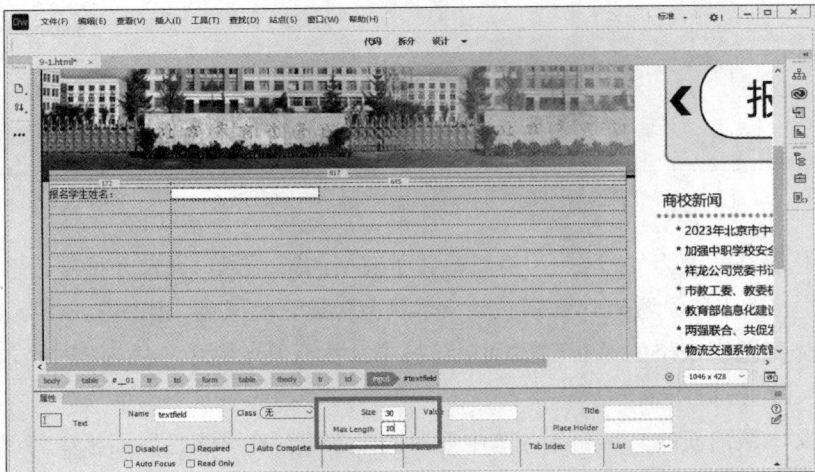

图9-8　修改文本域属性

课堂实操——通过"单选按钮"命令添加单选按钮

单选按钮只允许从多个选项中选择一个选项。插入单选按钮的具体操作步骤如下。

（1）将光标置于表格的第2行第1列单元格中，输入"性别："，如图9-9所示。

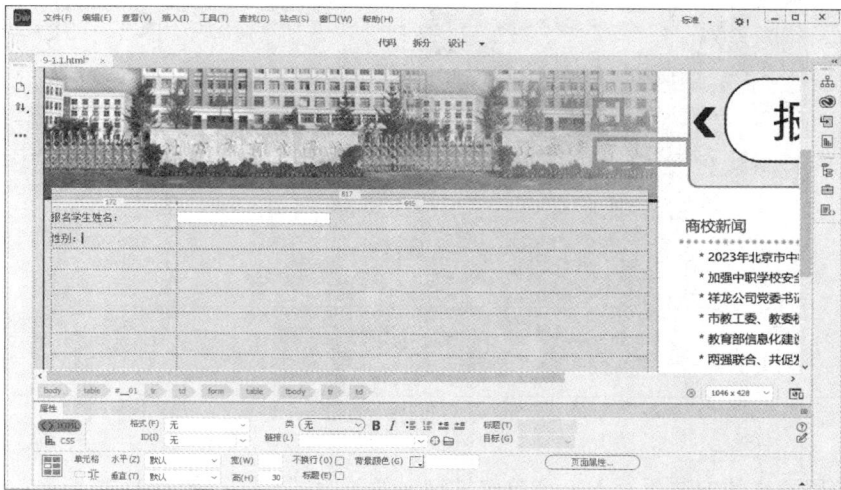

图9-9　输入文本

（2）将光标置于第2行第2列单元格中，执行菜单栏中"插入/表单/单选按钮"命令，插入单选按钮，如图9-10所示。

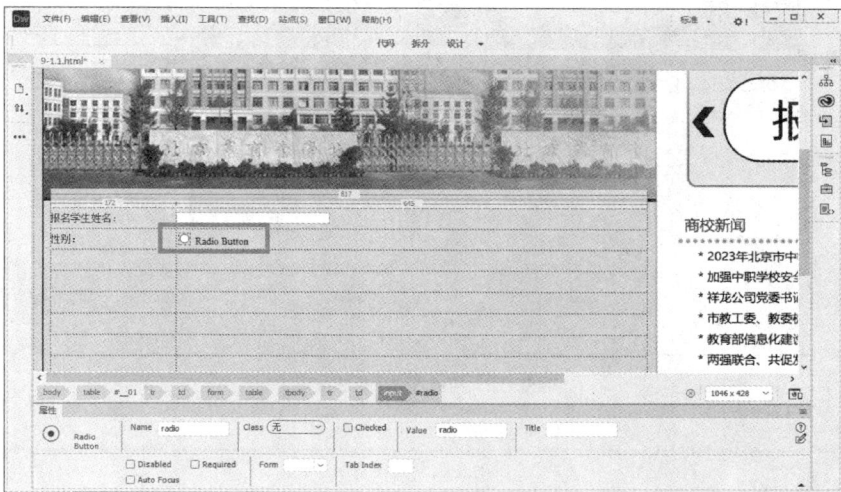

图9-10　插入单选按钮

实践经验

单击"表单"插入栏中的"单选按钮"按钮，也可以插入单选按钮。

（3）将单选按钮右侧的文字改成"男"，效果如图9-11所示。

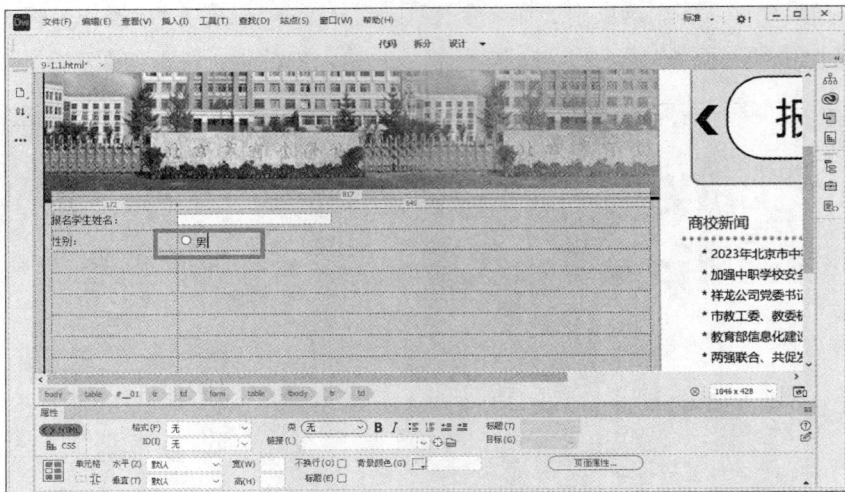

图9-11　更改按钮文字

（4）使用同样的方法再插入一个单选按钮，并改为"女"，如图9-12所示。

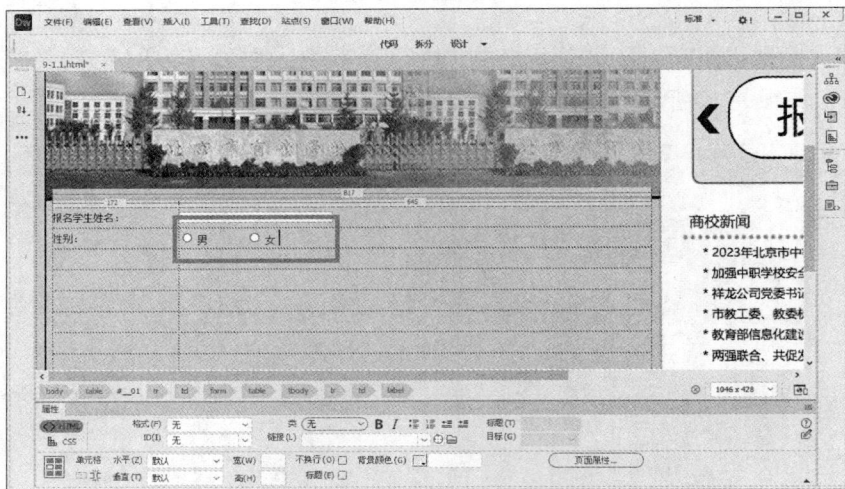

图9-12　再插入一个单选按钮

> **实践经验**　通过复制、粘贴的方法也可以制作另一个单选按钮，只需改一下文字即可。

课堂实操——通过"复选框"命令添加复选框

复选框允许用户在一组选项中选择多个选项。插入复选框的具体操作步骤如下。

（1）将光标置于表格的第3行第1列单元格中，输入"选择专业："，如图9-13所示。

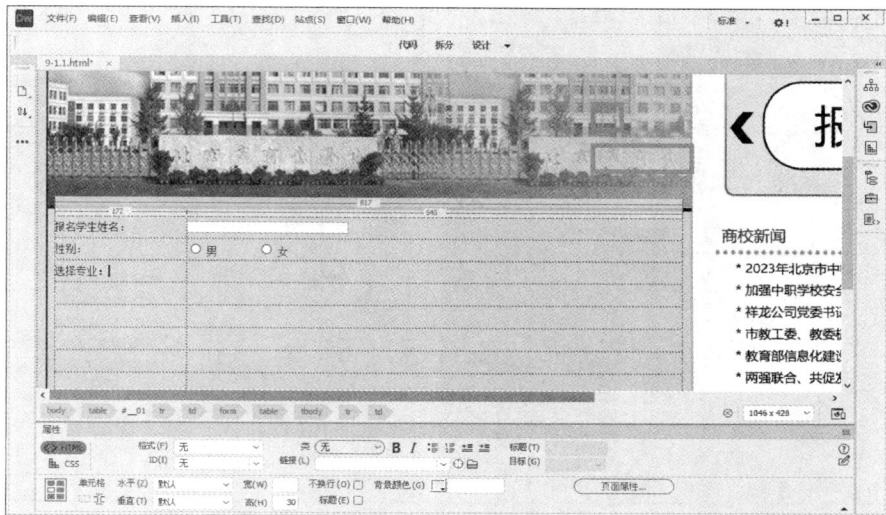

图9-13　输入文本

（2）将光标置于第3行第2列单元格中，执行菜单栏中"插入/表单/复选框"命令，插入复选框，如图9-14所示。

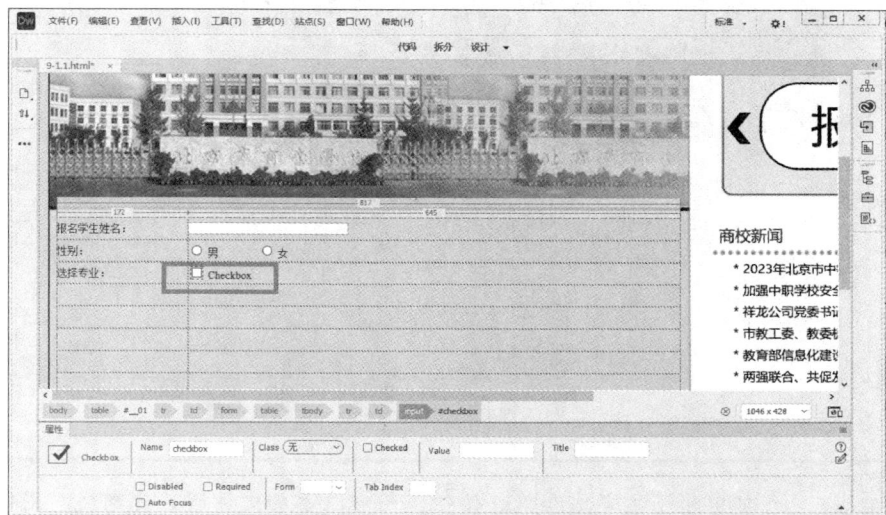

图9-14　插入复选框

> **实践经验**　单击"表单"插入栏中的"复选框"按钮，也可以插入复选框。

（3）将复选框右侧的文字改成"信息媒体"，如图9-15所示。

（4）选中复选框和文字后，按"Ctrl+C"组合键复制，再按"Ctrl+V"组合键粘贴，复制出多个副本，再更改文字，如图9-16所示。

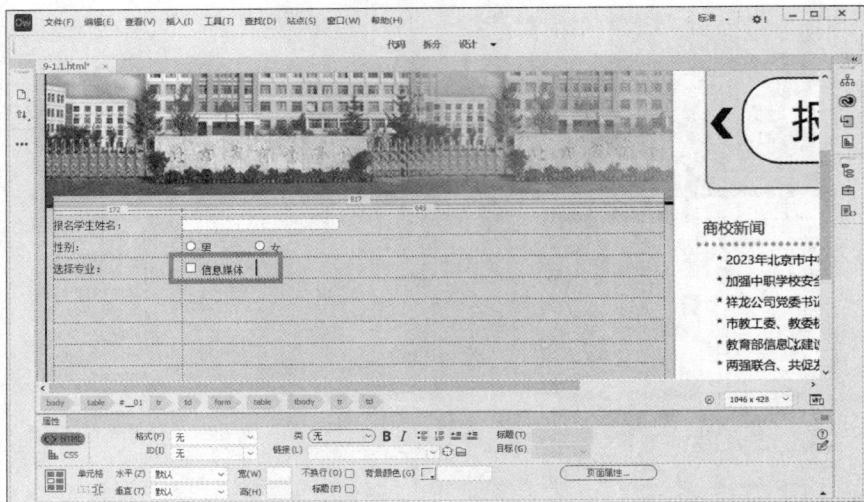

图9-15　更改文字

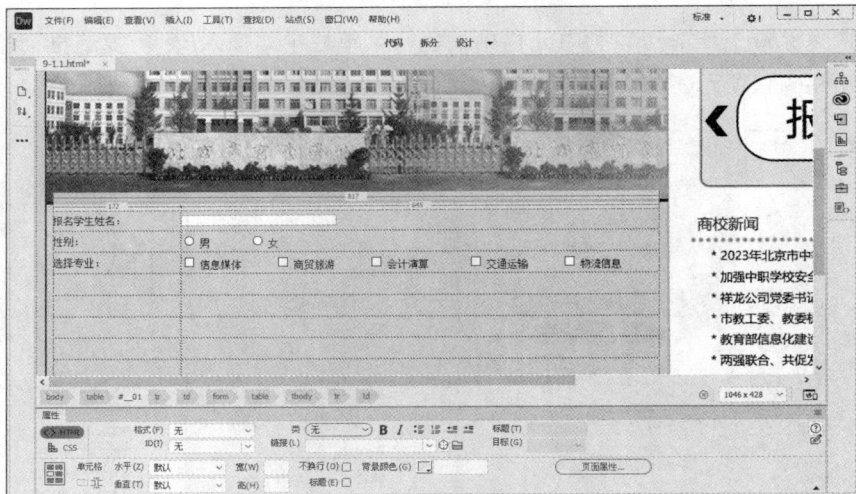

图9-16　添加的多个复选框

> 拓展知识　　表单中除了文本域和单选按钮，还可以添加文件域、日期域、图像按钮域、Tel域、电子邮件域、文本区域和按钮等。

综合实战——制作会员登记表

实战训练要求

1. 处理图像、制作表头。

2. 新建文档并进行保存。

3. 创建表格、嵌入表格、设置大小。

4. 插入图片。

5. 插入表单。

6. 插入表单组件。

实战素材

素材文件：素材\项目9\001，如图9-17所示。

图9-17　实战素材

任务单

项目编号	9	项目名称	综合实战——制作会员登记表
时间		地点	

目的：
实践网页设计中通过插入表单及表单组件制作会员登记表的一般流程。

课堂实践：
设计主题，处理图像、制作表头、新建文档并保存、插入表格、嵌入表格、设置文本大小和颜色、插入表单、插入表单组件并进行设置，完成会员登记表的制作。

考核标准：
1. 处理表头图像。10分
2. 新建文档、插入表格。10分
3. 嵌入表格。10分
4. 插入表单。10分
5. 插入并设置表单组件。10分

内容可粘贴：

评价	

评分：	指导教师签字：

实战效果图

效果文件：源文件\项目9\zhsz-djb，如图9-18所示。

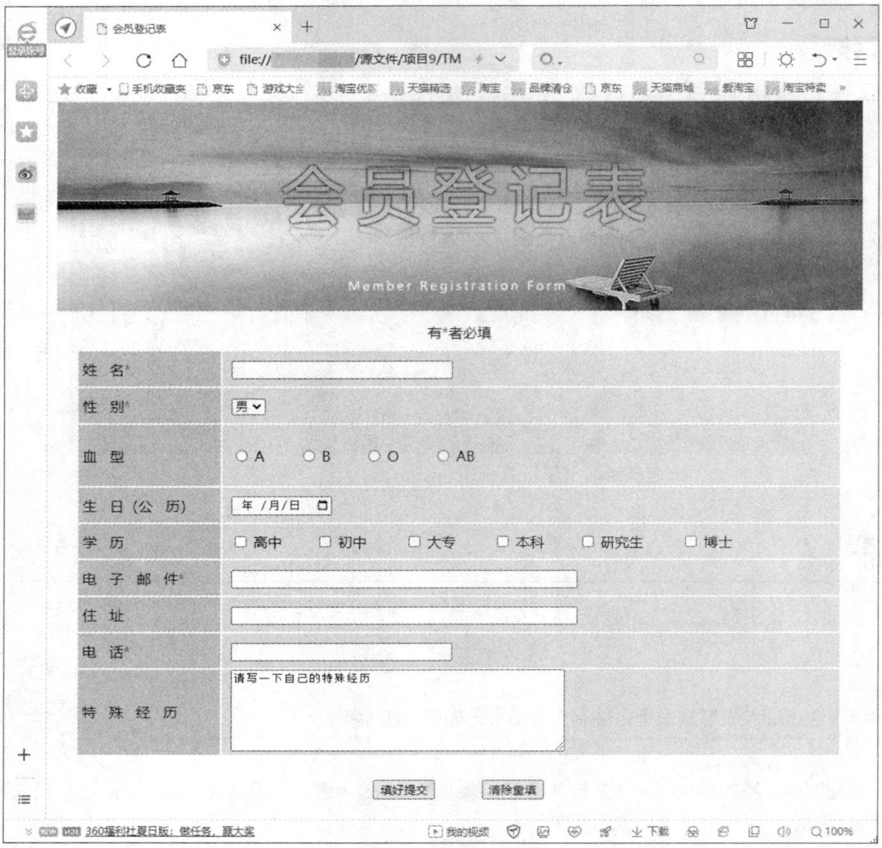

图9-18　最终效果

课后习题

一、判断题

1. 所有表单组件都要在表单域内加入与设置。（　　　）

2. 在设置单选按钮时，每一组选项按钮中的名称都要相同。（　　　）

3. 表单信息必须通过服务器主机的程序及数据库软件，才能变成可处理的信息内容。（　　　）

4. 可以使用图像作为表单信息的传送按钮。（　　　）

5. 在表单创建的过程中，可以运用表格加强排版效果。（　　　）

二、选择题

1. 具有单选功能的表单组件是（　　　）。

A. 文本　　　　　　B. 复选框　　　　　　C. 单选按钮　　　　　　D. 文本区域

2.（　　　）可以将表单中的相关文本框内容进行分类。

    A.　域集　　　　　　　B.　组文本框　　　　　C.　文本框组合　　　　D.　文本框组

3.（　　　）输入信息会以星号或●符号显示。

    A.　文本　　　　　　　B.　文本区域　　　　　C.　Tel　　　　　　　　D.　密码

4.具有复选功能的表单组件是（　　　）。

    A.　复选框　　　　　　B.　文本区域　　　　　C.　单选按钮　　　　　D.　密码

项目10
使用CSS样式美化和布局网页

职场情境

　　网页的框架制作完毕后，美化页面及进一步的布局会让网页看起来更加漂亮、大气。完成这方面的工作后，一个网页基本就算制作完成了。而美化和布局知识恰恰是小艾最缺失的，所以她专门找到同事凯程，想让他为自己讲解美化和布局网页方面的知识，凯程非常细致地为小艾讲解了网页中CSS样式及布局网页方面的知识。CSS样式是网页排版的重要核心，它能够帮助设计师摆脱页面效果不佳的困扰。它虽然是一套代码，但是在Dreamweaver的环境下，网页设计师使用CSS不需要记忆代码及写程序，只需在对话框中设置即可。

　　精美的网页离不开CSS技术。采用CSS技术，可以有效地对页面的布局、字体、颜色、背景和其他效果实现更加精确的控制。使用CSS样式可以制作出更加复杂和精巧的网页，网页的维护与更新也更加容易和方便。本项目主要介绍Div与CSS布局方法、CSS的基本概念和基本语法、CSS样式设置和CSS定位，让读者熟悉CSS功能的应用。

学习目标

✧　了解Div与CSS布局的方法。

✧　了解CSS基本知识。

✧　掌握设置CSS样式的方法。

✧　学会与人分享，学会谦虚、谦让。

任务1 了解Div与CSS布局的方法

<div>与<span>是常用的标记，利用这两个标记，加上CSS对样式的控制，可以很方便地实现网页的布局。

活动1 了解Div

Div是CSS中的定位技术，Dreamweaver将其进行了可视化操作。文本、图像和表格等元素只能在固定位置，不能互相叠加在一起，使用Div功能后，便可以将这些元素放置在网页中的任何位置，还可以按顺序排列网页文档中其他的构成元素。

Div的功能主要有以下两个方面。

◇ 重叠排放网页中的元素：利用Div，不仅可以实现不同的图像重叠排列，而且可以随意改变图像排放的顺序。

◇ 精准定位：单击Div上方的四边形控制手柄，将其拖动到指定位置，就可以改变层的位置。如果要精准定位AP Div在页面中的位置，可以在Div的"属性"面板中输入精确的坐标值。如果将Div的坐标值设置为负数，那么Div会在页面中消失。

活动2 了解Div与SPAN的区别

Div和SPAN最大的特点是默认没有对元素内的对象进行任何格式化渲染，主要用于应用样式表（共同点）。

两者最明显的区别在于Div是块元素，而 SPAN 是行内元素（也称作内嵌元素）。

块元素是另起一行开始渲染的元素，而行内元素不需要另起一行。块元素和行内元素不是一成不变的，通过定义CSS的"display"属性值可以实现互相转化。

< span > SPAN标记有一个重要且实用的特性，即它什么事也不会做，它的唯一工作就是围绕着HTML代码中的其他元素，这样就可以为它们指定样式了。

此外，< Div > Div标记也被用来在HTML文件中建立逻辑部分。但与< span > SPAN标记不同，< Div >工作于文本块一级，它在其包含的HTML元素的前面及后面都引入行分隔。

活动3 了解Div与CSS布局优势

掌握基于CSS的网页布局方式，是实现Web标准的基础。在制作网页时采用CSS技术，可以有效地对页面的布局、字体、颜色、背景和其他效果实现更加精确的控制。只要对相应的代码做一些简单的修改，就可以改变网页的外观和格式。采用CSS布局具有以下优势。

◇ 大大减少代码，提高页面显示速度，降低带宽成本。

◇ 结构更加清晰，更容易被搜索引擎搜索到。

◇ 强大的字体控制和排版能力。

◇　可以像编写HTML代码一样轻松编写CSS。

◇　提升易用性，使用CSS可以结构化HTML，如<p>标记只用来控制段落，<heading>标记只用来控制标题，<table>标记只用来表现格式化的数据等。

◇　表现和内容相分离，将设计部分分离出来放在一个独立样式的文件中。

◇　table的布局中，垃圾代码会很多，用来修饰的样式及布局的代码混合一起，使页面内容看起来很不直观。而Div更能体现样式和结构相分离，结构的重构性强。

◇　将许多网页的风格格式同时更新，不用再一页一页地更新。将站点上所有的网页风格都使用一个CSS文件进行控制，只要修改这个CSS文件中相应的代码，整个站点的所有页面都会随之发生变动。

任务2　了解CSS 基本知识

在制作网页时，文本的格式化是一项很烦琐的工作。利用CSS可以控制一篇或多篇文档的文本格式，因此使用CSS样式表定义页面文字，会大大减少工作量。建立一些好的CSS样式表，可以使我们对页面及文本格式进行更进一步的精准控制。

活动1　了解CSS的基本概念

CSS的英文全称是Cascading Style Sheets，即串联样式表，其作用是加强网页的排版效果。在网页设计初期，由于HTML代码功能不全，网页的排版效果一直无法令人满意，因此才会在HTML之后开发CSS代码。

由于CSS用来补充HTML的格式，而非取代HTML，因此CSS的所有功能都是针对画面效果的设计，让HTML代码只单纯地负责页面的内容结构。在页面上进行内容编辑时（包含文字、表格、窗体等），一般使用HTML代码来创建页面结构，等到需要套用一些样式效果时才使用CSS样式。

另外，设计者也可以将CSS样式储存成一个独立文件，再把这个样式文件套用到多个网页上，这样做会让网页风格的设计变得更加简单方便。

活动2　了解CSS的基本语法

CSS的基本语法如下：

```
HTML 标志{标志属性:属性值;标志属性:属性值;标志属性:属性值;…… }
```

现在首先讨论在HTML页面内直接引用样式表的方法。这个方法必须把样式表信息包含在<style></style>标记对中，为了使样式表在整个页面中产生作用，应把该组标记及其内容放到<head></head>标记对中。

例如，若要使HTML页面中所有H1标题显示为蓝色，其代码如下：

```
<html>
<head>
<title>This is a CSS sample</title>
```

```
<style type="text/css">
<!--
H1 {color: blue}
-->
</style>
</head>
<body>
... 页面内容...
</body>
</html>
```

在使用样式表的过程中，经常会有几个标志用到同一个属性，例如规定HTML页面中的粗体字、斜体字、H1号标题字均显示为红色，按照上面介绍的方法应书写为：

```
B{color: red}
I{color: red}
H1{color: red}
```

显然这样书写十分麻烦，引进分组的概念会使其书写变得简洁明了，可以写为：

```
B,I,H1{color: red}
```

用逗号分隔各个HTML标志，把3行代码合并成1行。

此外，同一个HTML标志，可以定义多种属性，例如，规定把H1～H6各级标题定义为红色黑体字，带下划线，则应写为：

```
H1, H2, H3, H4, H5, H6 {
color: red;
text-decoration: underline;
font-family: "黑体"}
```

任务3 掌握设置CSS样式的方法

控制网页元素外观的CSS样式用来定义字体、颜色、边距和字间距等属性，可以使用Dreamweaver对所有的CSS属性进行设置。CSS属性分为9大类，即类型、背景、区块、方框、边框、列表、定位、扩展和过渡。

课堂实操——通过"新建CSS规则"按钮创建CSS规则定义

在Dreamweaver中创建CSS规则定义可以从"类""ID""标签""复合内容"4个方面进行创建。这里按照"标签"进行创建，具体操作如下。

（1）新建一个网页，执行菜单栏中"插入/Div"命令，弹出"插入Div"对话框，单击"新建CSS规则"按钮，如图10-1所示。

（2）弹出"新建CSS规则"对话框，在"选择器类型"下拉列表中选择"标签（重新定义HTML元素）"选项，在"选择器名称"中输入HTML标签或在下拉列表中选择一个标签，这里选择"body"标签，在"规则定义"下拉列表中选择"（仅限该文档）"选项，如图10-2所示。

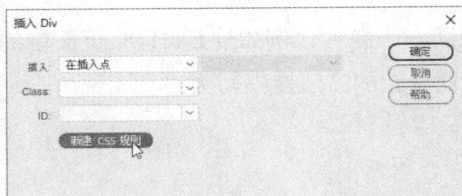

图10-1 "插入Div"对话框

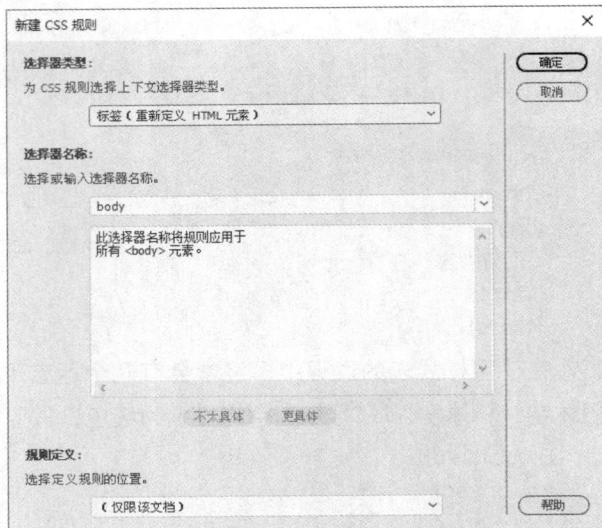

图10-2 "新建CSS规则"对话框

（3）单击"确定"按钮，弹出"body的CSS规则定义"对话框，如图10-3所示。

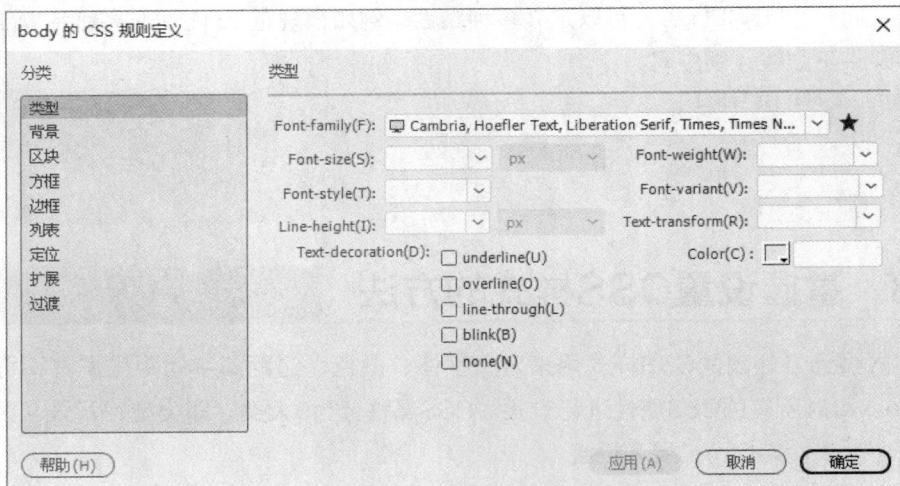

图10-3 "body的CSS规则定义"对话框

实践经验

"规则定义"下拉列表中有两个选项：如果选择"（仅限该文档）"选项，则所定义的CSS样式为内部CSS样式，CSS样式代码会自动添加到顶部的<style></style>标记对之间；如果选择"（新建样式表文件）"选项，则可以直接创建外部样式表文件，并将CSS样式定义在该外部CSS样式表文件中。如果已经链接了外部CSS样式文件，该下拉列表中还会出现所链接的外部CSS样式文件。

> **拓展知识**
>
> 在"CSS规则定义"对话框中可以进行详细的设置。

> **素养小课堂**
>
> 在学习中要提升自己的审美能力。审美能力的提升，有助于发现美、感知美，丰富审美体验，提升审美情趣。

任务4 掌握在"CSS设计器"面板中定义页面内的CSS样式

在页面中定义CSS样式是将CSS样式的代码包含在该HTML代码之内，此种方式只能将CSS样式套用在目前编辑的网页上，而无法让多个网页同时共享。

课堂实操——通过"CSS设计器"面板新增CSS样式

下面为文档创建一个标题样式，具体操作如下。

（1）打开一个网页文档，执行菜单栏中"窗口/CSS设计器"命令，打开"CSS设计器"面板，单击"源"前面的"+"按钮，在弹出的菜单中选择"在页面中定义"命令，如图10-4所示。

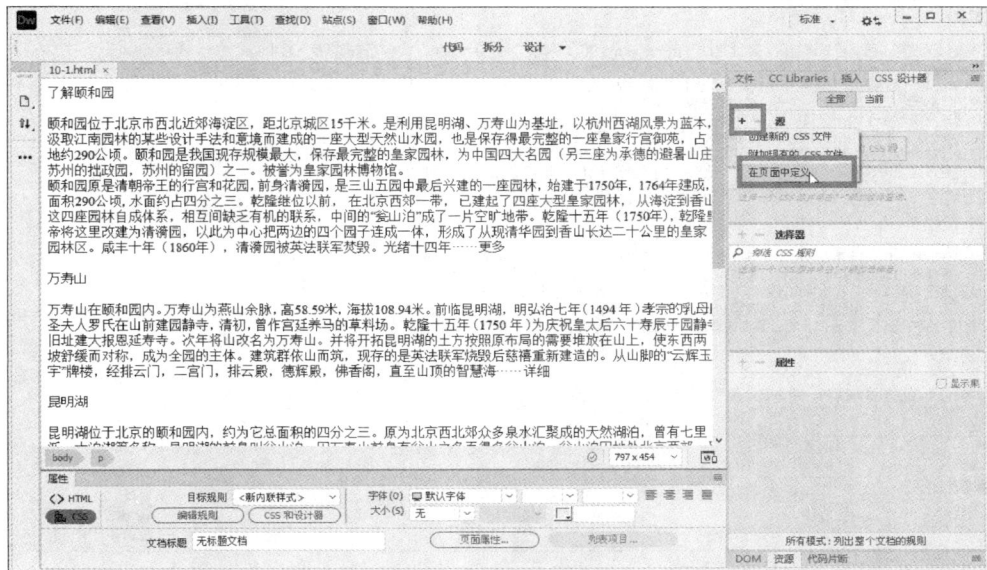

图10-4 选择"在页面中定义"命令

（2）单击"<style>"，选择需要定义的标题文字，单击"选择器"前面的"+"按钮，新增一个选择器，输入"h"时会自动显示下拉列表，如图10-5所示，这里选择"h2"选项。

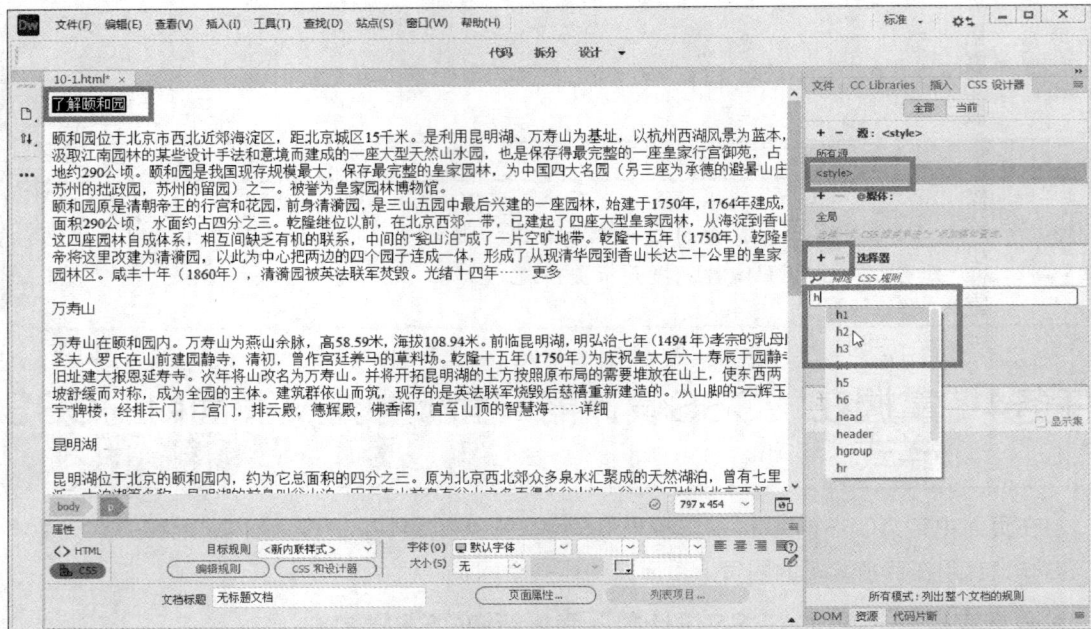

图10-5　输入"h"时自动显示的下拉列表

（3）在"属性"区域单击"文本"按钮 T ，如图10-6所示，设置"color"为玖红色。

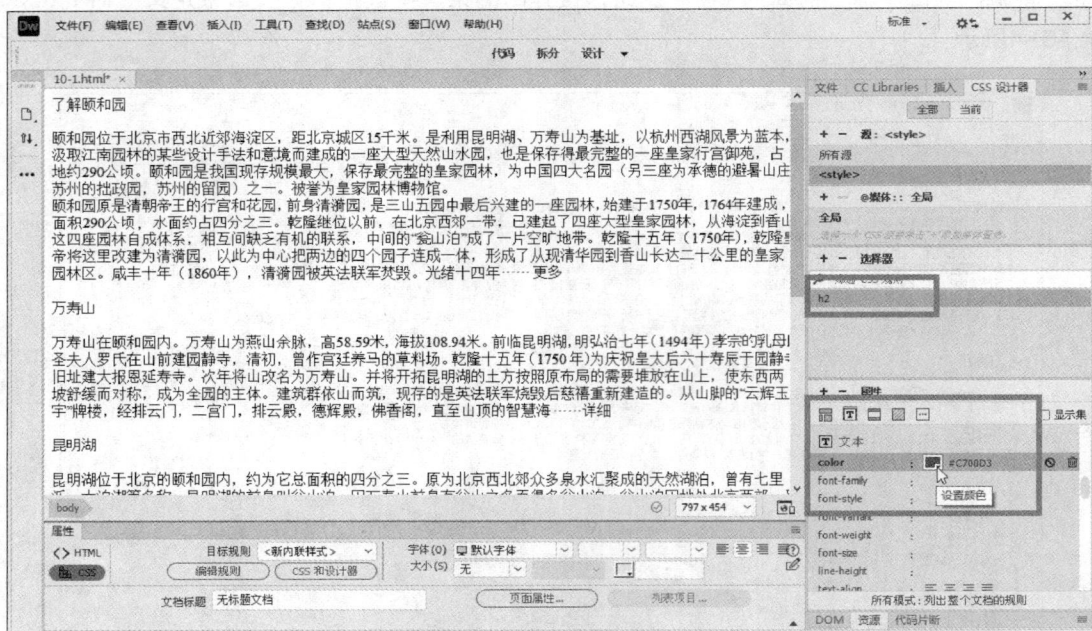

图10-6　设置颜色

（4）如果勾选"显示集"复选框，"属性"区域中就会显示新添加的样式内容，如图10-7所示。

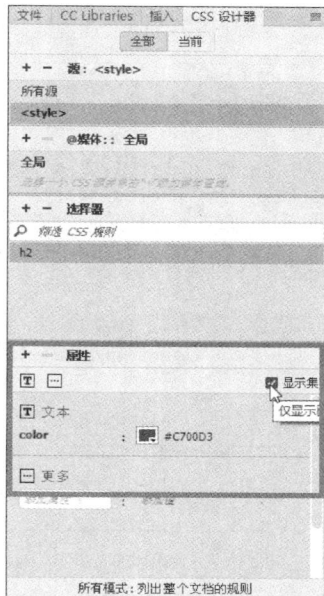

图10-7　显示新添加的样式内容

课堂实操——套用样式效果

虽然已经设置了H2的标题文字，但是在网页上并没有看到任何的变化，这是因为<H>标签是属于HTML的代码，必须设置哪个文字段落要套用<H2>的标签，具体操作如下。

（1）将输入点放在第一行文字上，在"属性"面板中切换到"HTML"，在"格式"下拉列表中选择"标题2"选项，如图10-8所示。

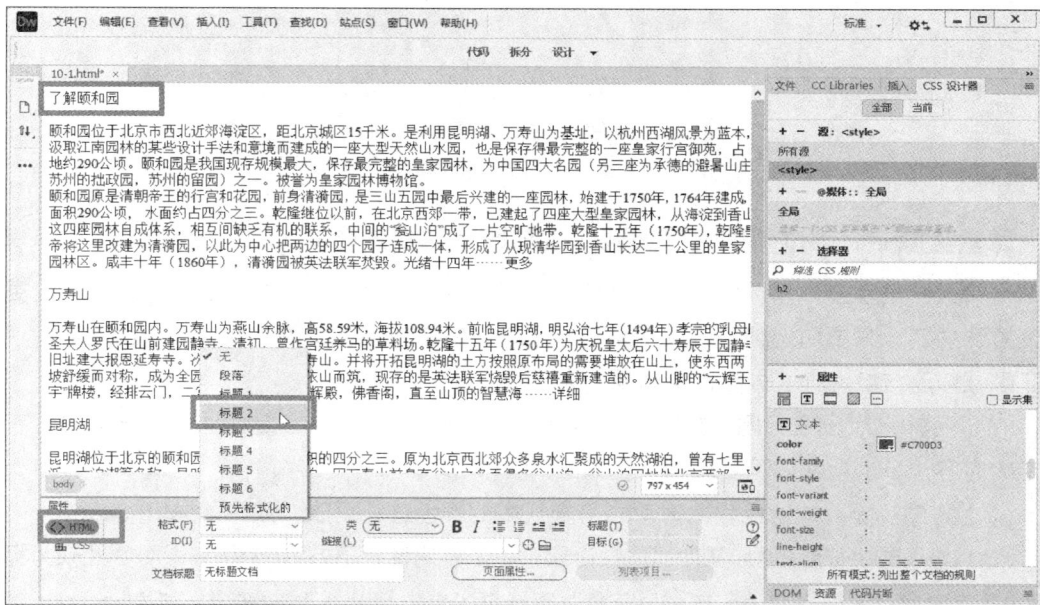

图10-8　选择"标题2"选项

（2）套用"标题2"样式的效果如图10-9所示。

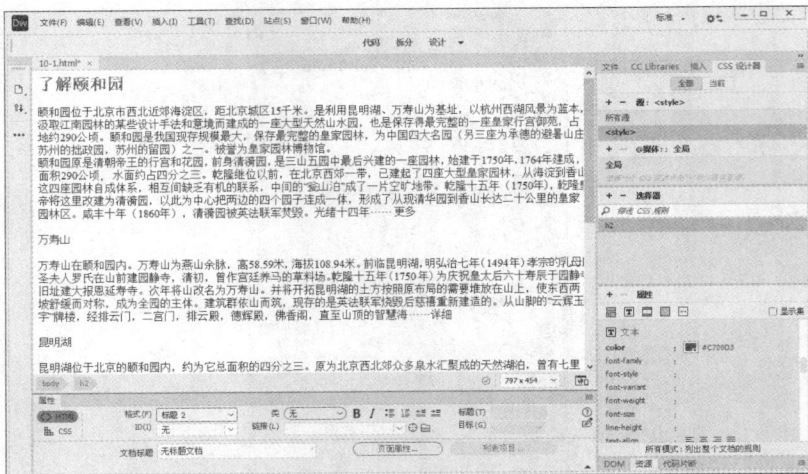

图10-9　套用样式的效果

活动1　掌握"CSS设计器"面板的属性设置

在Dreamweaver的"CSS设计器"面板中，通过"属性"区域下方的5个按钮，可以分别设置布局、文本、边框、背景、其他等5种类别的CSS样式，如图10-10所示。

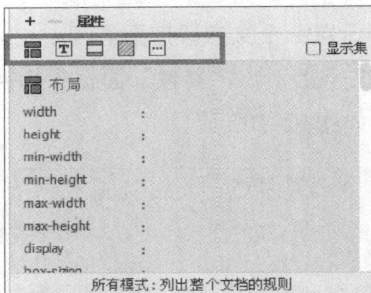

图10-10　设置CSS样式

课堂实操——通过"属性"区域修改与增添样式内容

当勾选"显示集"复选框时，"属性"区域下方会列出已经设置过的属性。若要变更原先设置的内容，只要勾选"显示集"复选框就可以快速找到要修改的属性。下面就通过"属性"区域修改与增添样式内容，具体操作如下。

（1）将输入点放在标题2文字，勾选"显示集"复选框，下方自动显示该样式的所有已设定的内容，单击色块即可更改颜色，如图10-11所示。

（2）将颜色更改成紫色，此时对之前样式中的颜色进行更改，效果如图10-12所示。

（3）如果要为标题2添加其他的属性设置，单击"属性"下方的5个按钮即可。此处为标题2添加黄色的底色效果，取消勾选"显示集"复选框，单击"背景"按钮，在"background-color"选项右侧单击色块，如图10-13所示。

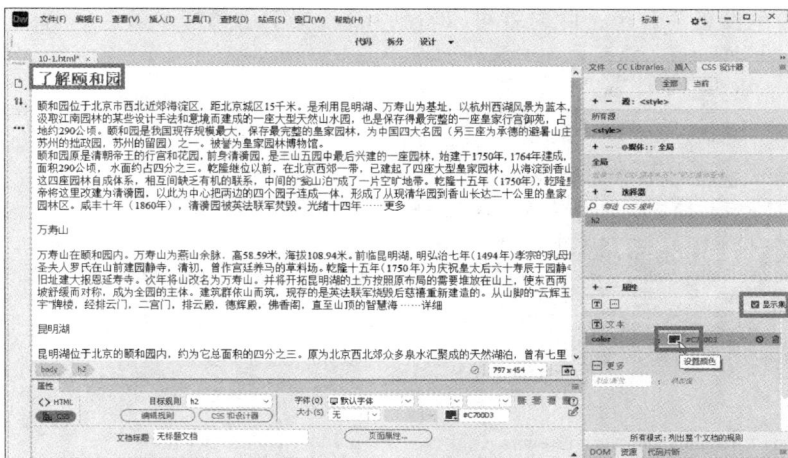

图10-11　更改颜色

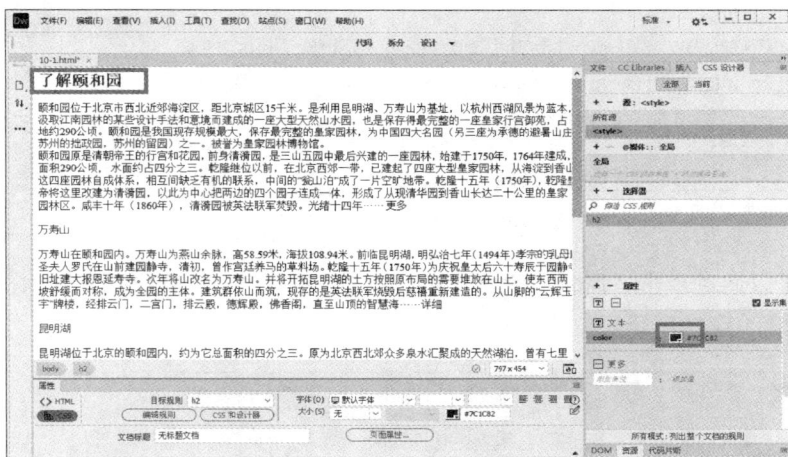

图10-12　更改颜色后的效果

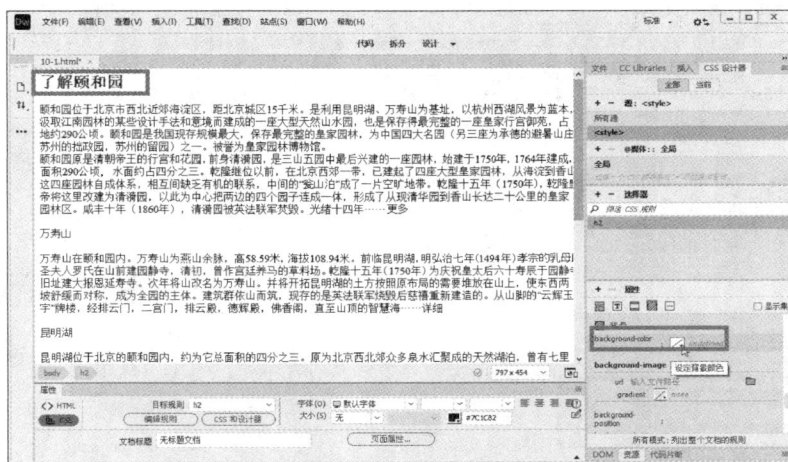

图10-13　设置背景颜色

（4）将颜色设置为黄色，此时就可以看到标题2文字后添加了黄色的背景，如图10-14所示。

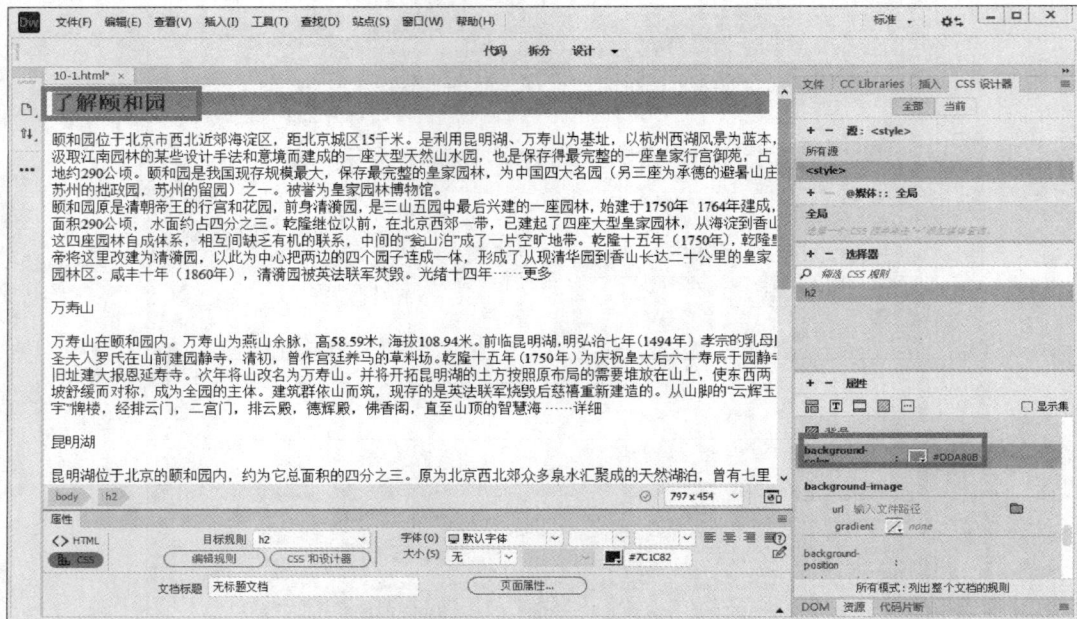

图10-14　添加背景颜色后的效果

（5）也可以通过单击"属性"面板上的"编辑规则"按钮 编辑规则 对已定义的样式进行编辑，如图10-15所示。

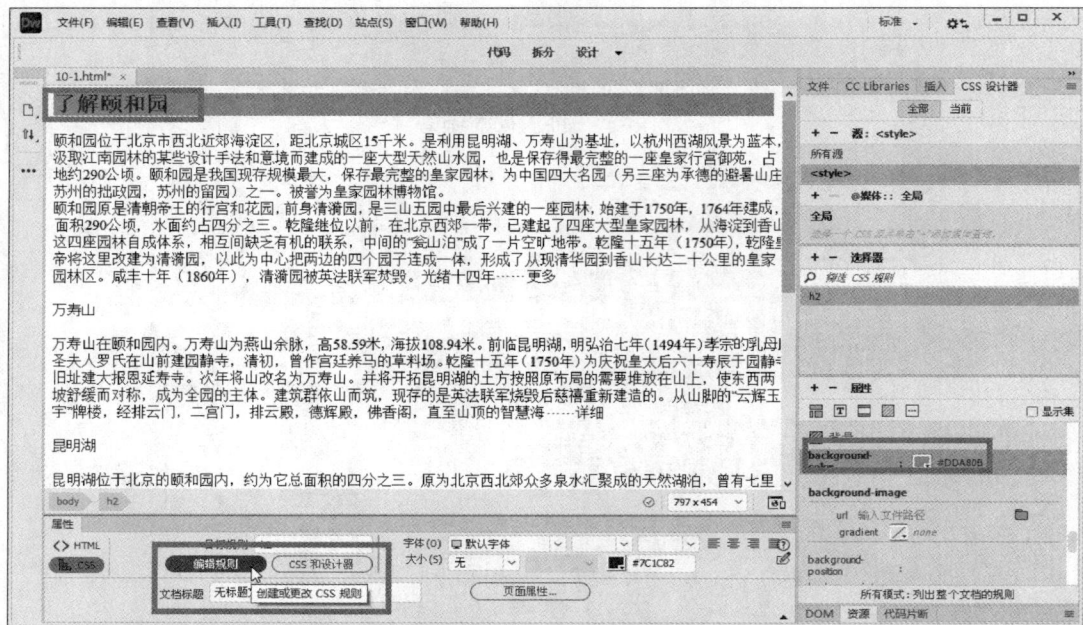

图10-15　"编辑规则"按钮

（6）单击"编辑规则"按钮后，打开"h2的CSS规则定义"对话框，将"background-color"更改成青色，如图10-16所示。

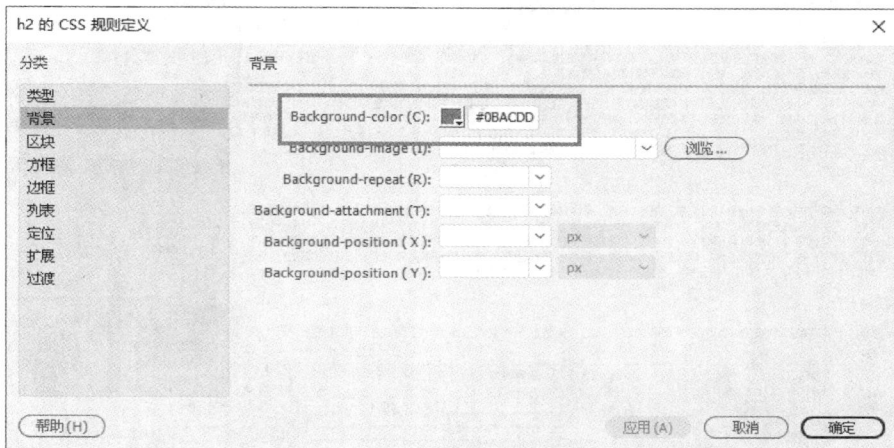

图10-16　更改颜色

（7）设置完毕后单击"确定"按钮，完成背景颜色的更改，效果如图10-17所示。

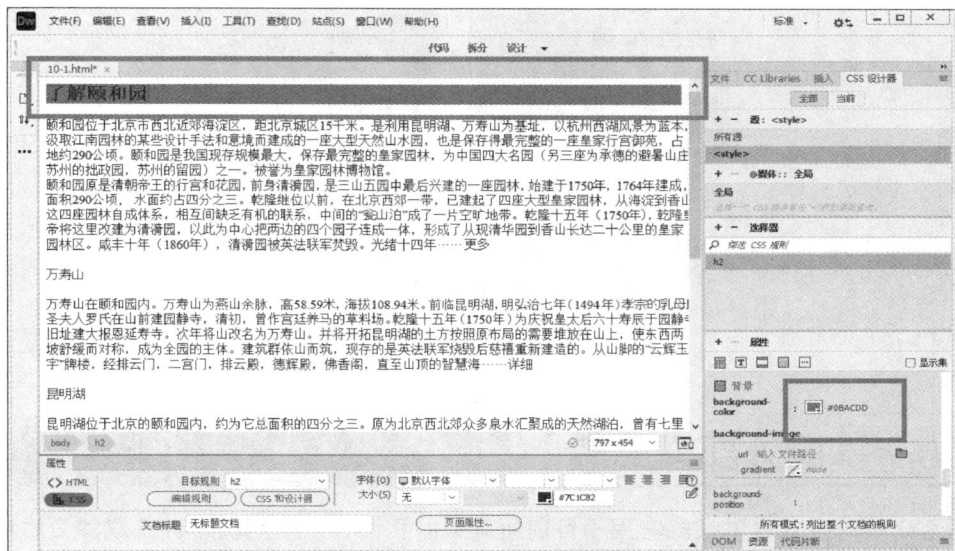

图10-17　更改背景颜色后的效果

活动2　掌握启用/停用CSS属性的方法

为了方便用户观看CSS样式设置前后的效果变化，Dreamweaver提供了快速切换CSS属性的功能，用户可以直接在"CSS设计器"面板上启用和停用CSS属性。只需在属性后方单击 ⊘ 按钮，即可停用该属性；再单击一下该钮可重新启用该属性设置，如图10-18所示。如果设置样式后觉得不满意，也可以对特定的属性进行删除操作，只需在属性后方单击 🗑 按钮即可，如图10-19所示。

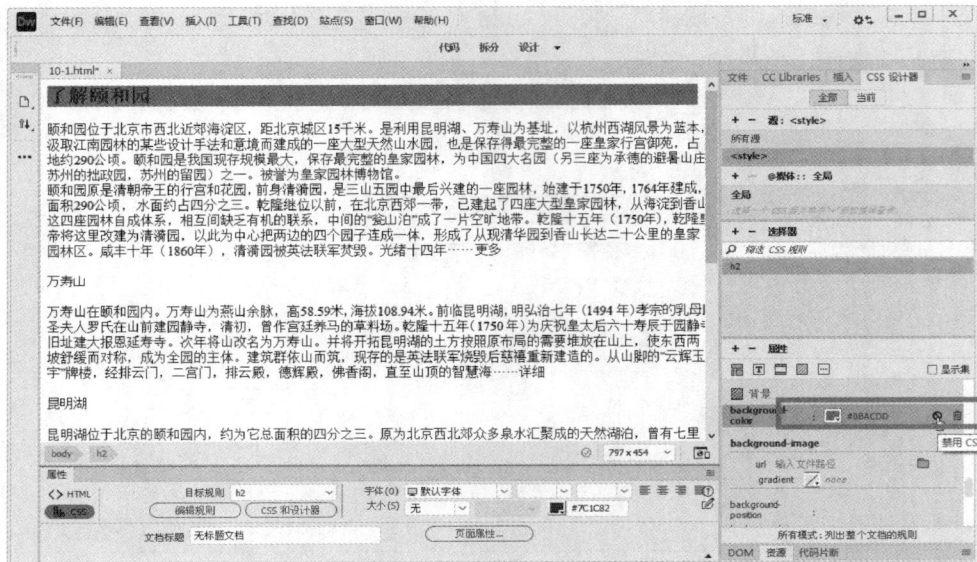

图10-18　启用/停用CSS属性

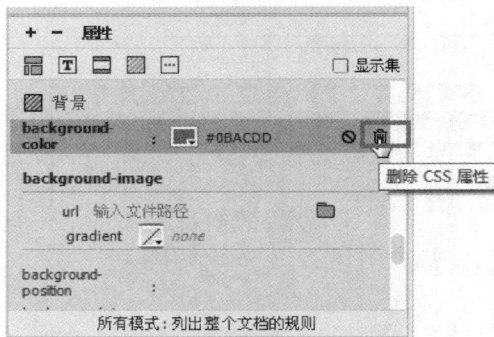

图10-19　删除CSS属性

任务5　掌握外部样式表

刚刚介绍的样式设置只能套用于目前所编辑的页面，对于网页设计师或网页维护者来说，大概没有人愿意只是为了修改某个特定文字的格式，而必须对所有的内容一一加以修改。要解决这个问题，利用外部样式表链接即可。

活动1　掌握外部样式的概念

所谓"外部样式"，就是将设计的样式效果储存成一个独立的文件（扩展名为css），样式表文件创建完成以后，再对需要应用此样式效果的网页以"链接"的方式把样式效果置入网页中。往后只要样式表文件的内容有修改，那么链接此样式表文件的网页也会同步更新，在管理及设计样式效果时，就可以只针对样式表文件做编辑，而不用管整个套用样式的页面范围。

课堂实操——通过"CSS设计器"面板创建外部样式表

首先我们来学习如何创建外部的样式表文件，具体操作如下。

（1）打开一个网页文档，打开"CSS设计器"面板，单击"源"前面的"+"按钮，在弹出的菜单中选择"创建新的CSS文件"命令，如图10-20所示。

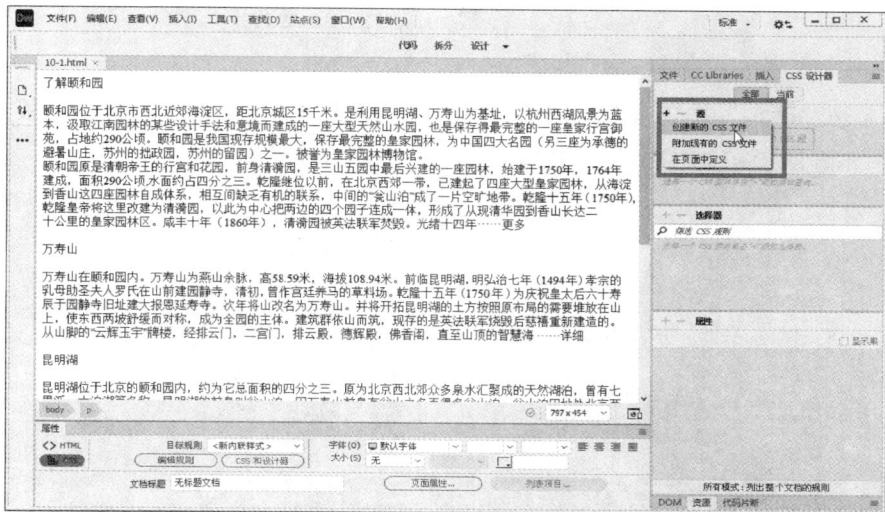

图10-20　选择"创建新的CSS文件"命令

（2）在弹出的"创建新的CSS文件"对话框中，单击"浏览"按钮，如图10-21所示。

（3）在弹出的对话框中设置存盘的位置（须与站点文件位于同一文件夹），输入样式表文件名，如图10-22所示。

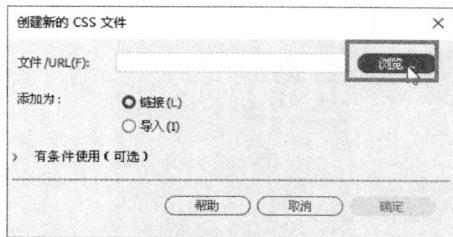

图10-21　"创建新的CSS文件"对话框

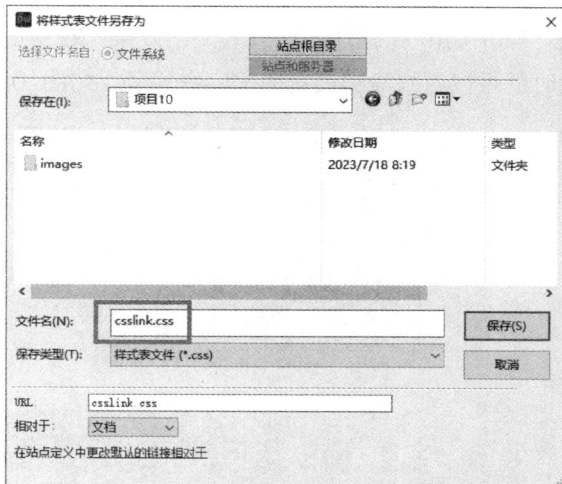

图10-22　"将样式表文件另存为"对话框

（4）单击"保存"按钮，返回"创建新的CSS文件"对话框，选中"链接"单选按钮，如图10-23所示。

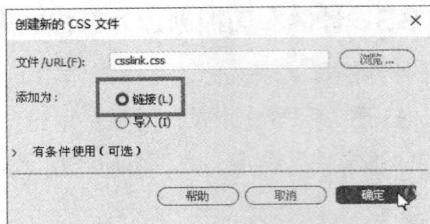

图10-23　选中"链接"单选按钮

（5）单击"确定"按钮，选择刚刚新建的样式表文件，选取要设定样式的段落，单击"选择器"前面的"+"按钮，即可新增选择器，如图10-24所示。

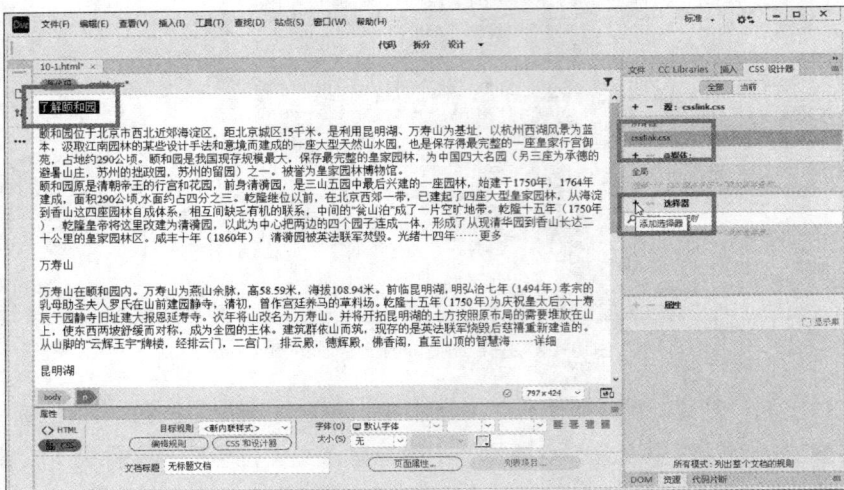

图10-24　新增选择器

（6）为h2标题加入绿色的文字效果，在"属性"面板中将"格式"设置为"标题2"，此时就可以看到我们设置的文字样式了，如图10-25所示。

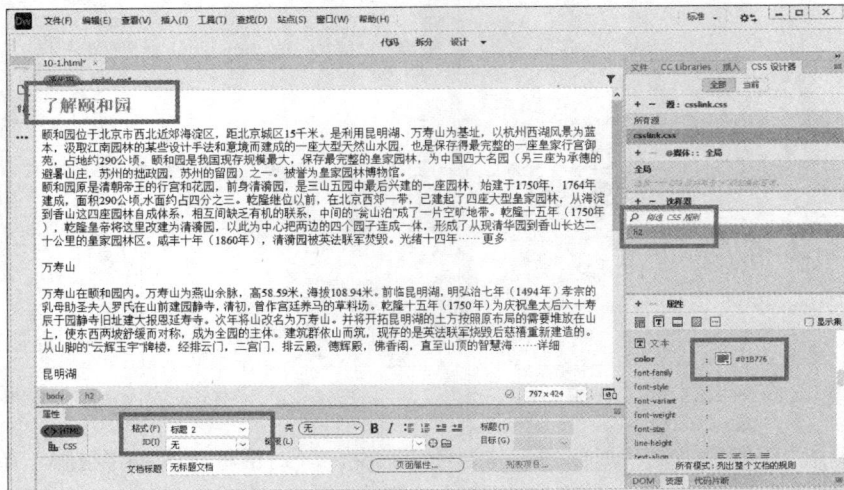

图10-25　设置标题2文字效果

课堂实操——储存外部样式表文件

完成以上设置后，会在文件标签下方看到"源代码"按钮和CSS文档的名称，单击CSS名称即可看到样式设置的代码。特别注意的是，如果在CSS文档名称上方看到"*"的图示，表示该样式表文件尚未被储存，请务必单击它，再执行"保存"命令，才能将此文件储存起来，具体操作如下。

（1）出现"*"，表示样式表文件还未储存，单击它，如图10-26所示。

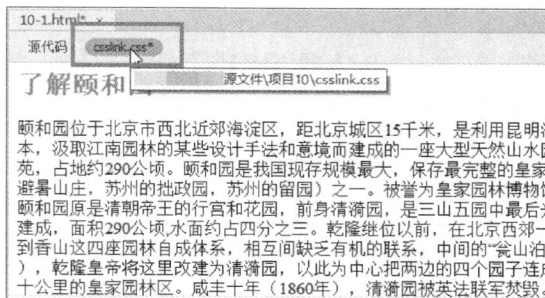

图10-26　单击"csslink.css*"按钮

（2）显示CSS样式的程序代码，如图10-27所示。按"Ctrl+S"组合键储存样式表文件。

（3）此时样式表文件虽然储存了，但是网页文档还没储存。单击"源代码"按钮，按"Ctrl+S"组合键将网页文档进行储存，如图10-28所示。

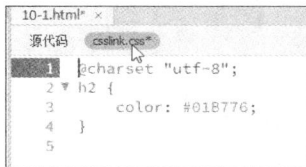

图10-27　显示程序代码

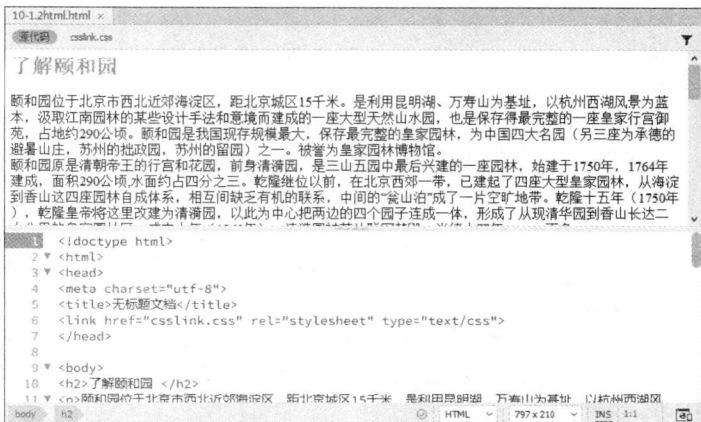

图10-28　储存网页文档

活动2　掌握附加外部样式表的方法

有了样式表文件后，接下来设计网页时，就可以通过"CSS设计器"面板将现有的样式表文件附加进来。打开"CSS设计器"面板，单击"源"前面的"+"按钮，在弹出的菜单中选择"附加现有的CSS文件"命令，如图10-29所示。在弹出的"使用现有的CSS文件"对话框中，单击"浏览"按钮，找到之前储存的样式表文件，选中"导入"单选按钮，如图10-30所示。

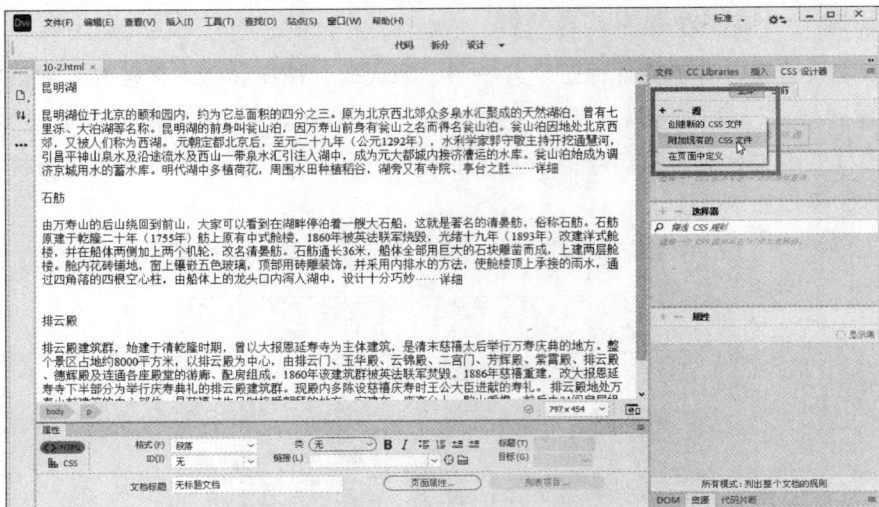

图10-29　选择"附加现有的CSS文件"命令

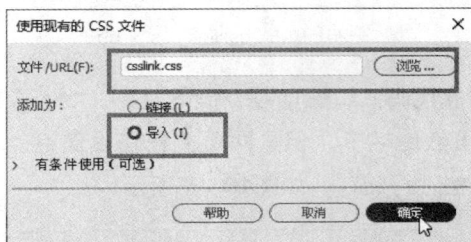

图10-30　"使用现有的CSS文件"对话框

　　设置完毕后单击"确定"按钮，在"属性"面板的"格式"下拉列表中选择"标题2"，即可运用链接的样式，如图10-31所示。

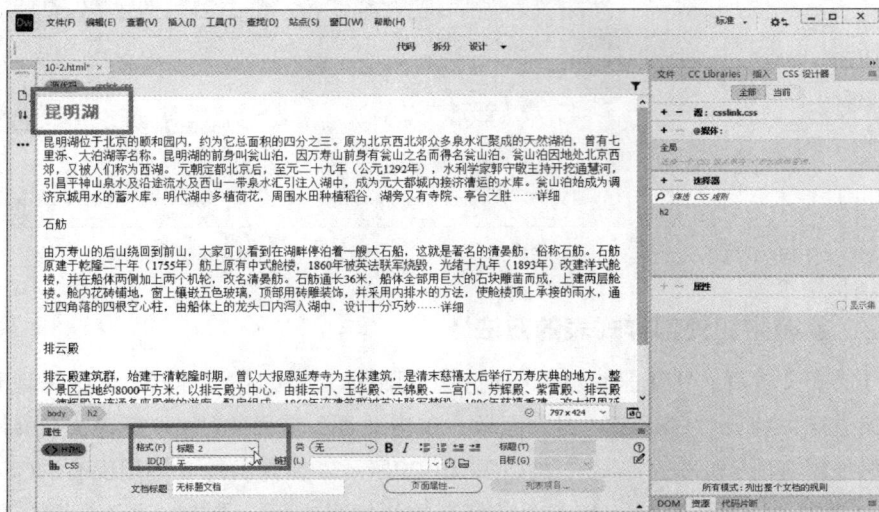

图10-31　运用链接的样式

拓展知识

　　CSS的便利非常多，大家可以多了解CSS对网页设计所带来的便利和相关使用技巧。

任务6　以Div标签规划区块

　　现在的网站内容越来越多元化，如果想要让首页中包含很多信息，那么网页区块的规划就显得格外重要。划分网页区块，再分配网页内容，会让网页显得更有条理，不会杂乱无章。要规划区块，Dreamweaver提供了Div标签功能，可以让设计师定义网页区块，同时为不同的区块设置样式。本任务将对Div标签的插入方式、大小、背景颜色等内容进行讲解。

课堂实操——通过Div命令插入Div标签

　　要使用Div标签，首先要预先想好版面区块的配置，这样实际创建Div标签时才不会手忙脚乱。网页可以简要地分为页眉、主要网页内容以及页脚3个部分，中间还可区分出左、右两栏。决定好区块的配置方式后，接下来就要插入Div标签。需要特别注意的是，标签的命名不可使用中文、不可包含空格或特殊符号，同时第一个字符必须使用英文字母，其余的字符可以用数字或英文，具体操作如下。

　　（1）新建一个网页文档，执行菜单栏中"插入/HTML/Header"命令，打开"插入Header"对话框，参数设置如图10-32所示。

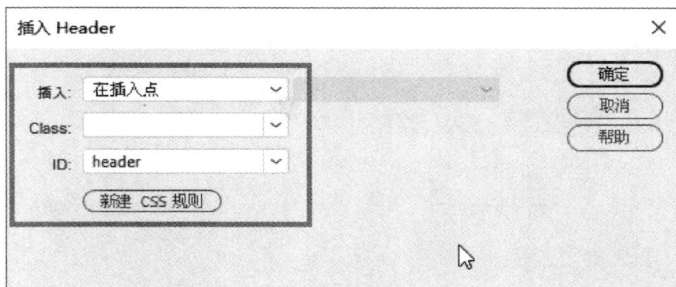

图10-32　"插入Header"对话框

　　（2）设置完毕后单击"确定"按钮，插入的标签如图10-33所示。

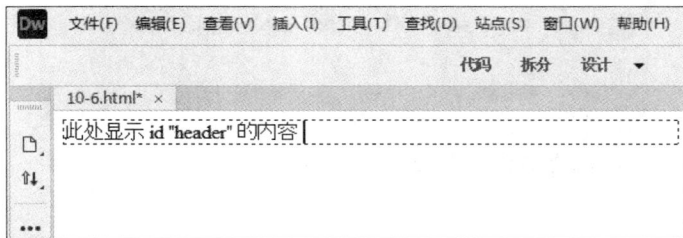

图10-33　插入的"header"标签

（3）将插入点放置到标签内，执行菜单栏中"插入/Div"命令，打开"插入Div"对话框，参数设置如图10-34所示。

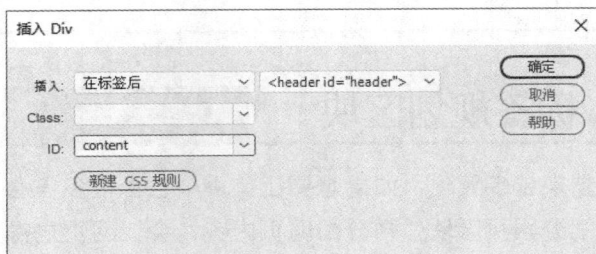

图10-34 "插入Div"对话框（1）

（4）设置完毕后单击"确定"按钮，插入的标签如图10-35所示。

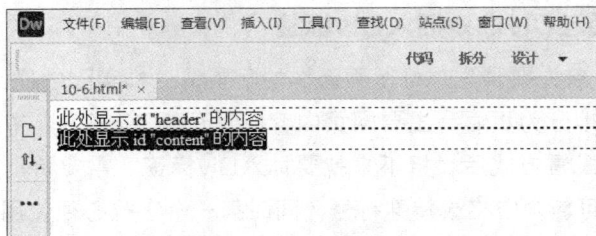

图10-35 插入的"content"标签

（5）将插入点放置到标签内，执行菜单栏中"插入/HTML/Footer"命令，打开"插入Footer"对话框，参数设置如图10-36所示。

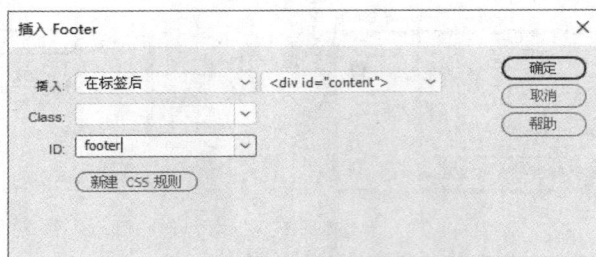

图10-36 "插入Footer"对话框

（6）设置完毕后单击"确定"按钮，插入的标签如图10-37所示。

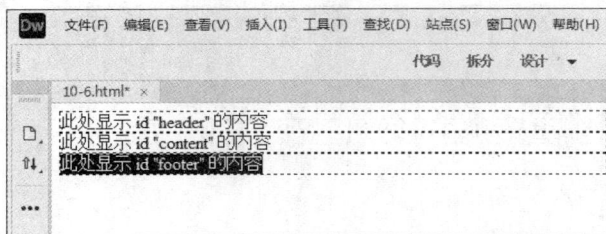

图10-37 插入的"footer"标签

（7）将三大区块划分出来之后，接下来要在"content"的区块范围内插入"contentleft"与"maincontent"两个标签。为了方便观看Div标签是否插入正确的位置，大家可以切换到代码与设计同时显示的视图，如图10-38所示。

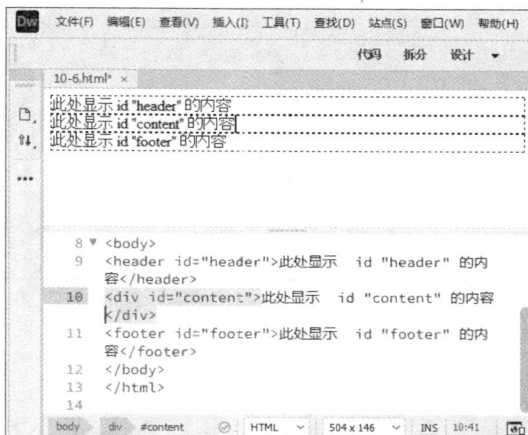

图10-38　代码与设计同时显示

（8）将插入点放在"content"标签之中，执行菜单栏中"插入/Div"命令，打开"插入Div"对话框，参数设置如图10-39所示。

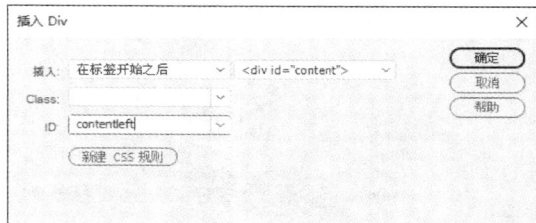

图10-39　'插入Div'对话框（2）

（9）设置完毕后单击"确定"按钮，效果如图10-40所示。

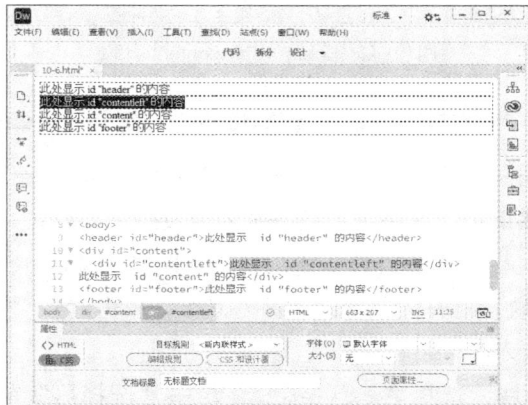

图10-40　插入的"contentleft"标签

（10）接下来还要在"contentleft"标签之后插入"maincontent"标签，执行菜单栏中"插入/Div"命令，打开"插入Div"对话框，参数设置如图10-41所示。

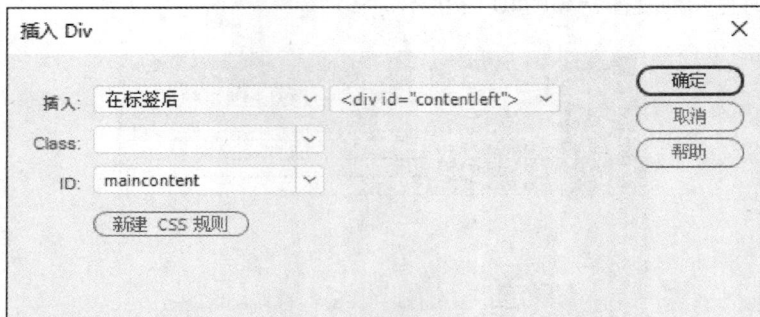

图10-41 "插入Div"对话框（3）

（11）设置完毕后单击"确定"按钮，效果如图10-42所示。

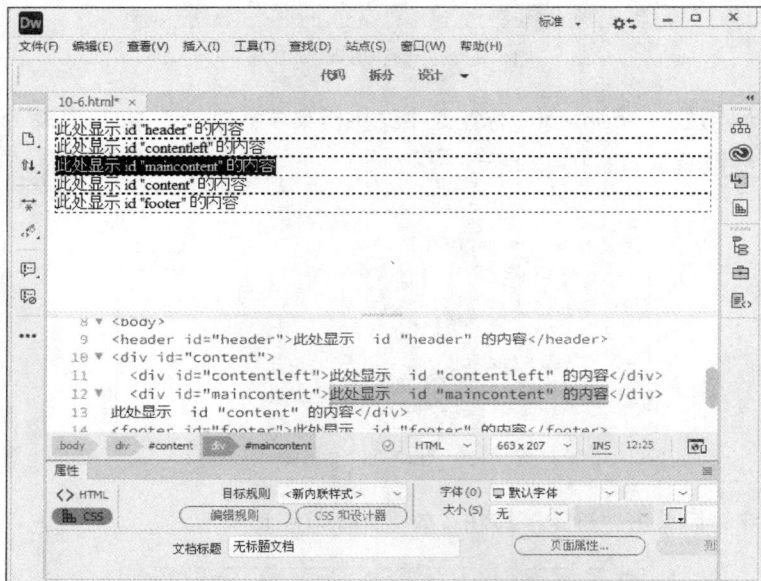

图10-42 插入的"maincontent"标签

课堂实操——通过"CSS设计器"面板设置Div区块大小和背景颜色

刚刚已经将区块划分好，但是因为没有设置CSS样式，所以接下来要新建CSS规则，以便设置区块的大小及背景颜色。区块大小及颜色的大致规划如图10-43所示。

这里只举例页眉（header）的设置方式，其余的设置请读者自行练习，具体操作如下。

（1）选取页眉的区块，打开"CSS设计器"面板，单击"+"按钮，选择"在页面中定义"命令，如图10-44所示。

（2）选取页眉的区块，选择"<style>"，单击"选择器"前面的"+"按钮，添加"#header"选择器，并在"属性"区域设置宽度和高度，如图10-45所示。

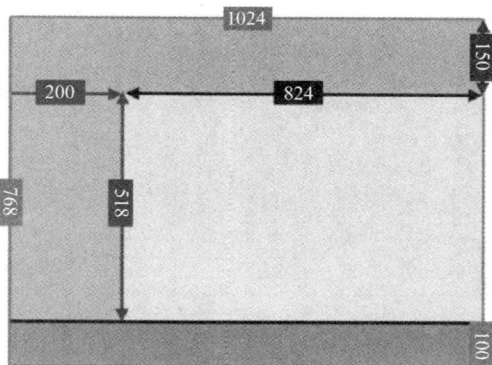

图10-43　区块大小及颜色的大致规划

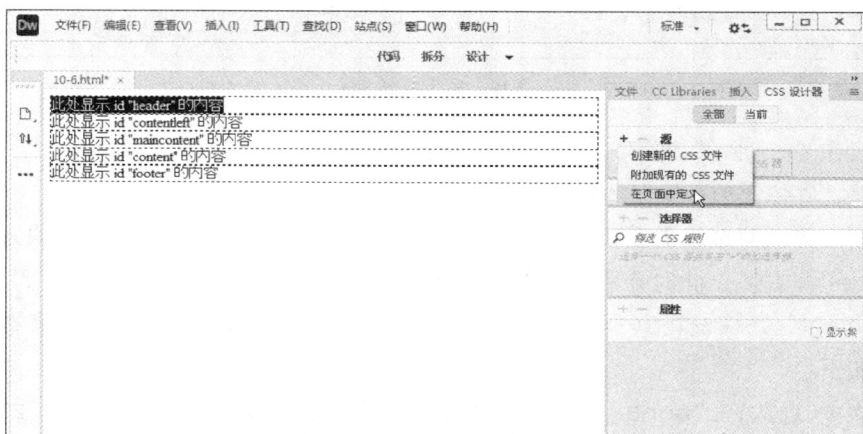

图10-44　设置样式

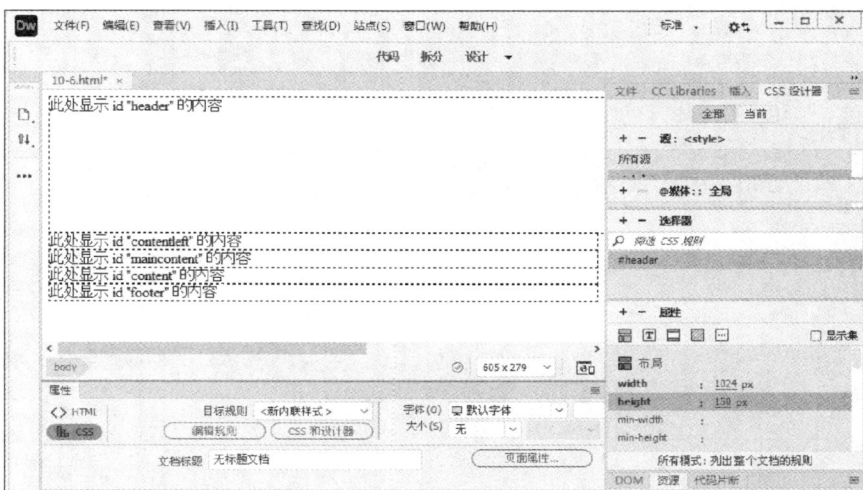

图1C-45　设置样式

（3）设置背景颜色为青色，如图10-46所示。

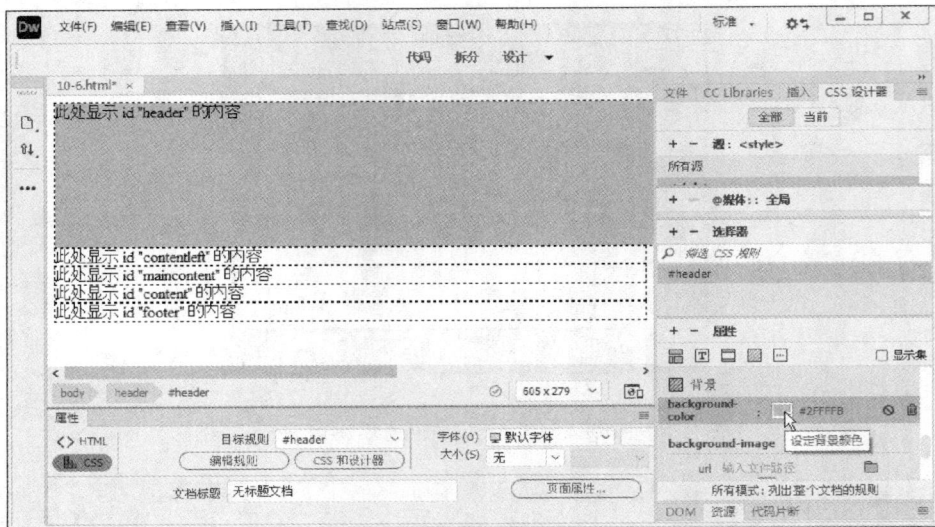

图10-46 设置背景色

同上，在"<style>"源下，依序为"contentleft""maincontent""content""footer"新增选择器，并依照前面规划的尺寸与颜色设置区块。

通过以上方式完成设置后，会发现"maincontent"区块并未依照构思中的方式排列在"contentleft"右侧，此时要利用"float"属性，将"contentleft"区块设置为"left"，"maincontent"区块设置为"right"，这样左右两个标签就可以分别靠左和靠右浮动了，具体操作如下。

（1）输入点放在"contentleft"标签中，设置宽度、高度和背景颜色，如图10-47所示。

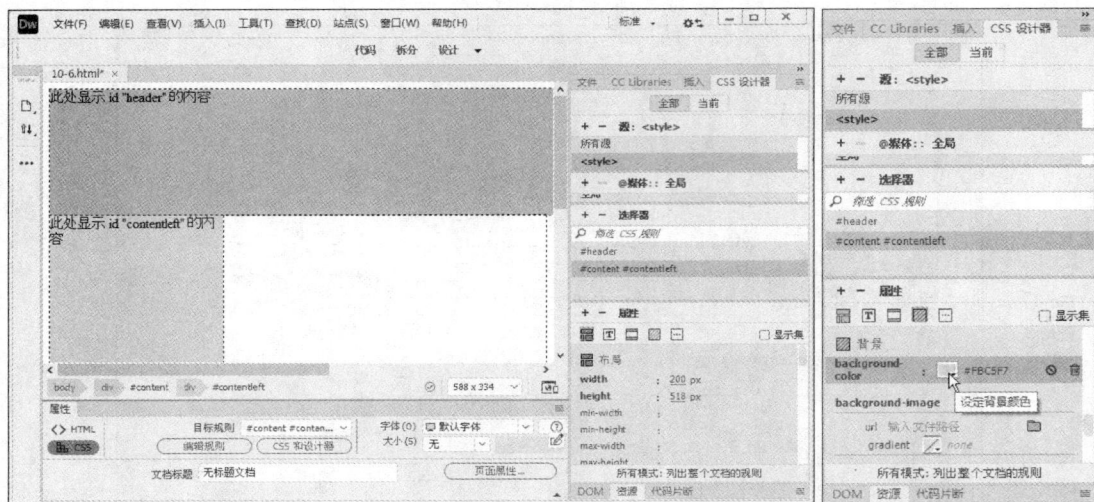

图10-47 设置大小与背景色

（2）单击"布局"按钮，设置"float"为"Left"，如图10-48所示。

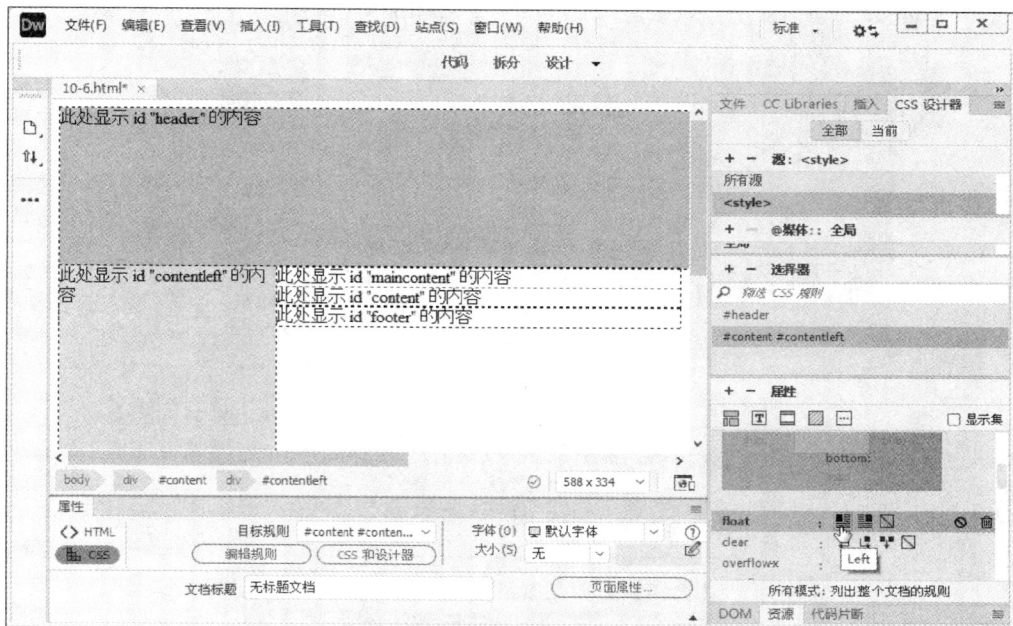

图10-48　设置左浮动

（3）输入点放在"maincontent"标签中，设置宽度、高度和背景颜色后，单击"布局"按钮▦，设置"float"为"Right"，如图10-49所示。

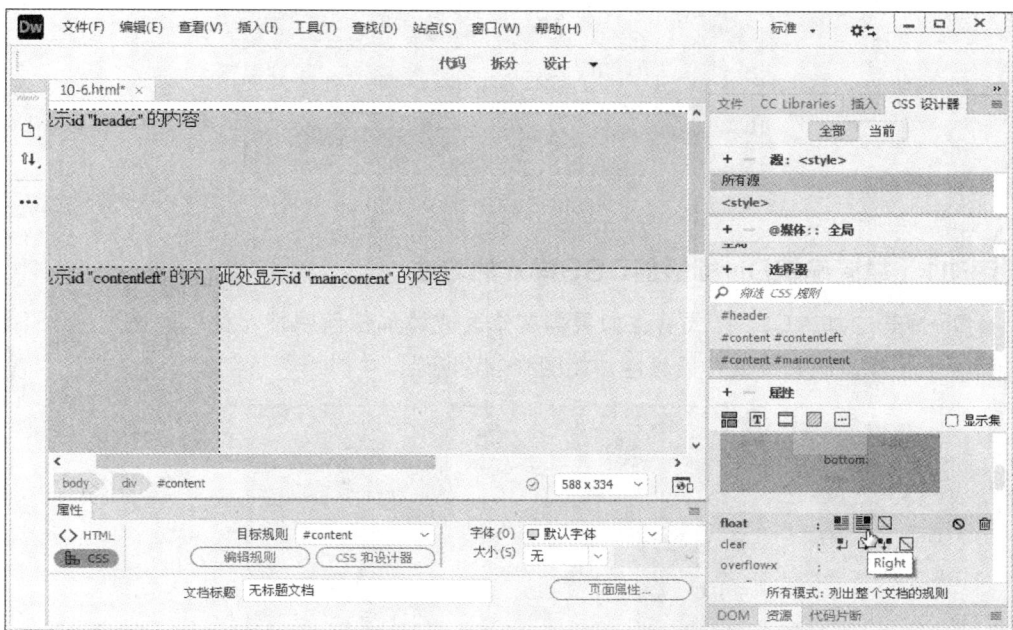

图10-49　设置右浮动

（4）选择"content"标签中的文字，然后按"Delete"键将其删除，输入点放在"footer"标签中，设置宽度、高度和背景颜色，如图10-50所示。

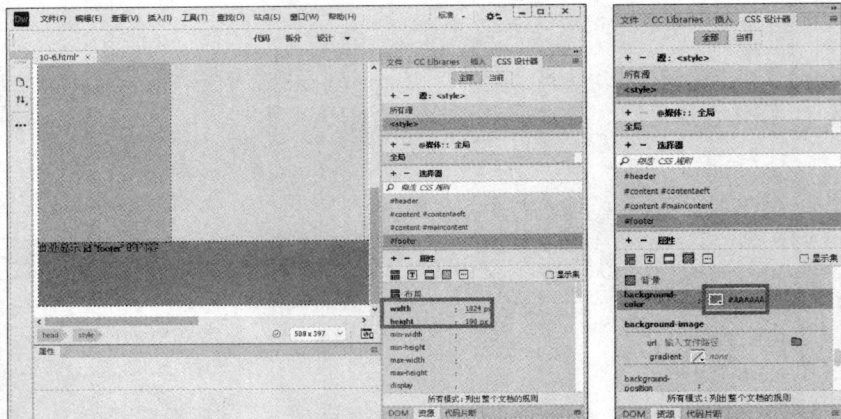

图10-50　设置"footer"标签的大小和背景颜色

（5）按"F12"键预览最终效果，如图10-51所示。

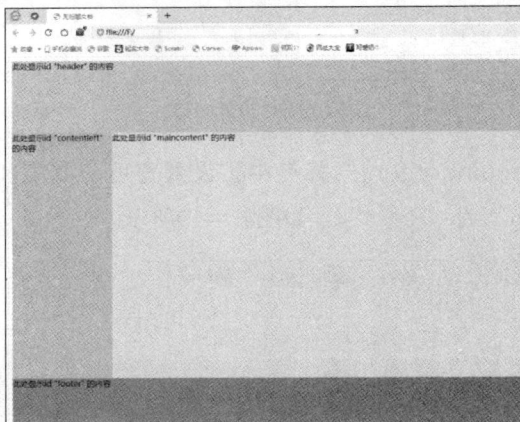

图10-51　预览效果

活动1　掌握编辑Div标签的CSS样式的方法

在Div标签中加入CSS样式后，如果需要修改或添加任何属性，都可以通过"CSS设计器"面板来完成，例如改变背景颜色，如图10-52所示。

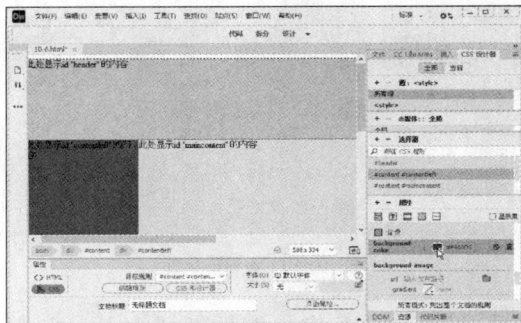

图10-52　改变背景色

活动2　掌握为Div区块加入圆角、渐变色、阴影效果的方法

在Dreamweaver中，通过"CSS设计器"面板，可以轻松为规划的"Div"区块加入圆角效果、渐变色的区块或区块阴影等。

1．设置圆角

输入点放在"contentleft"标签中，单击"边框"按钮▢，设置圆角值为60，选择"实时视图"可以看到效果，如图10-53所示。

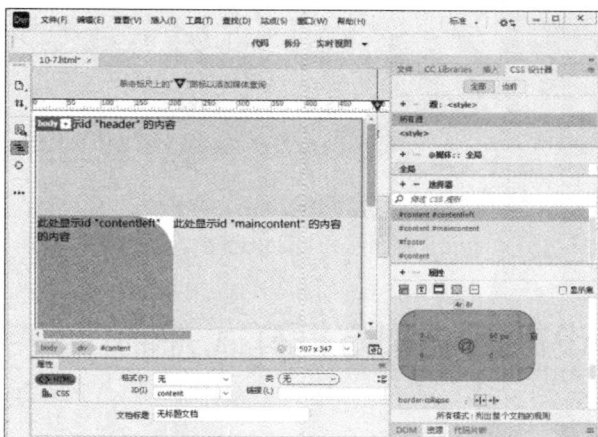

图10-53　设置圆角

2．设置渐变色

输入点放在"contentleft"标签中，单击"背景"按钮▨，单击"gradient"的色块，在弹出的渐变色设置界面中设置渐变的两个颜色，如图10-54所示。

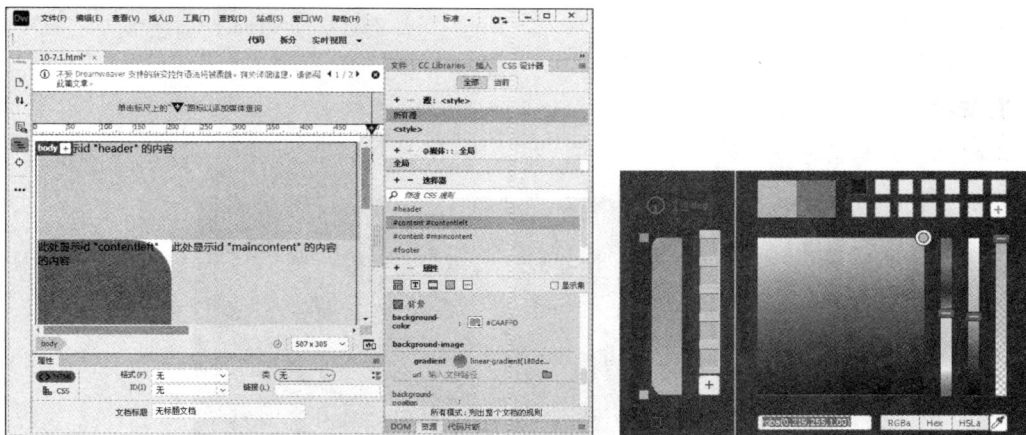

图10-54　设置渐变色

3．设置区块阴影

输入点放在"contentleft"标签中，单击"背景"按钮▨，设定阴影的位移值、模糊半径值、颜色，如图10-55所示。

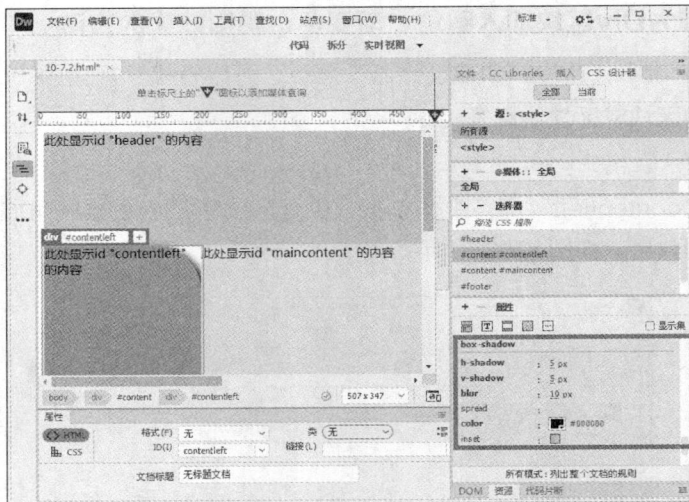

图10-55　设置区块阴影

综合实战——设置区块和方框样式并制作文字介绍

实战训练要求

1. 插入并设置背景图像。

2. 插入Div标签。

3. 新建CSS规则。

4. 编辑区块和方框。

5. 在Div标签中嵌入表格并设置大小。

6. 输入文本。

7. 设置.font01和.font02类CSS规则。

实战素材

素材文件：素材\项目10\1003、1004，如图10-56所示。

图10-56　实战素材

任务单

项目编号	10	项目名称	综合实战——设置区块和方框样式并制作文字介绍
时间		地点	

目的：
实践网页设计中通过插入 Div 标签及设置 CSS 规则美化网页的一般流程。

课堂实践：
设计主题，插入背景图像、插入 Div 标签、设置区块和方框样式、新建文本样式，套用样式，完成一个文字介绍区域的网页设计。

考核标准：
1. 插入背景图像。10 分
2. 插入 Div 标签，设置区块和方框。10 分
3. 在 Div 标签中插入表格。10 分
4. 设置 .font01 和 .font02。10 分
5. 正确套用类样式。10 分

内容可粘贴：

评价	
评分：	指导教师签字：

实战效果图

效果素材：源文件\项目10\10-10，如图10-57所示。

图10-57 最终效果

课后习题

一、判断题

1. 样式内容一经修改，页面上套用样式的区域必须手动更新。（　　　）

2. 外部样式表文件可以同时套用到多个网页中。（　　　）

3. CSS样式的作用是加强网页的排版效果。（　　　）

4. "CSS设计器"面板主要用来设置各种CSS样式。（　　　）

5. CSS可以将原先的HTML代码加以修改，以增加其格式效果。（　　　）

6. "在页面中定义"的作用是将CSS的样式代码包含在该网页代码之内。（　　　）

7. 外部样式表文件是将所设计的样式效果独立储存成CSS文件。（　　　）

8. 以Div创建网站区块时，CSS样式设置可以同时加入，或在区块创建后再加入。（　　　）

9. 创建的Div区块，也可以设置圆角矩形或阴影的效果。（　　　）

10. 创建的Div区块，无法选用渐变或图案当作背景。（　　　）

二、选择题

1. 执行（　　　）命令可打开"CSS设计器"面板。

   A. "窗口/CSS设计器"　　　　　　　　B. "面板/CSS设计器"

   C. "帮助/CSS设计器"　　　　　　　　D. "效果/CSS设计器"

2. （　　　）不属于HTML元素。

   A. h1　　　　　　B. hr　　　　　　C. br　　　　　　D. note

3. 外部样式表文件的扩展名为（　　　）。

   A. html　　　　　B. dwt　　　　　C. css　　　　　D. xml